玉米密植高产精准调控技术

（东北春玉米区）

李少昆　王克如　谢瑞芝　等　著

中国农业科学技术出版社

图书在版编目（CIP）数据

玉米密植高产精准调控技术：东北春玉米区 / 李少昆等著 .-- 北京：中国农业科学技术出版社，2021.12

ISBN 978 – 7 – 5116 – 5638 – 4

Ⅰ . ①玉…　Ⅱ . ①李…　Ⅲ . ①春玉米—高产栽培—栽培技术—东北　Ⅳ . ① S513

中国版本图书馆 CIP 数据核字（2021）第 262883 号

责任编辑　周丽丽　崔改泵
责任校对　李向荣
责任印制　姜义伟　王思文

出 版 者　中国农业科学技术出版社
北京市中关村南大街 12 号　邮编：100081
电　　话　（010）82109194（编辑室）（010）82109702（发行部）
（010）82109709（读者服务部）
传　　真　（010）82109194
网　　址　http: // www.castp.cn
经 销 者　各地新华书店
印 刷 者　北京地大彩印有限公司
开　　本　170 mm×240 mm　1/16
印　　张　7.5
字　　数　130 千字
印　　数　1 ～ 10800 册
版　　次　2021 年 12 月第 1 版　2021 年 12 月第 1 次印刷
定　　价　29.80 元

《玉米密植高产精准调控技术（东北春玉米区）》

著者名单

主　　著　李少昆　　王克如　　谢瑞芝

著　　者　（按姓氏笔画排序）

马达灵　　左惠忠　　叶建全　　杜树海

李健民　　李海东　　张　军　　张国强

明　博　　侯　鹏　　姜海超　　梅园雪

新吉勒图　薛　军

前　言

玉米作为粮、经、饲料、加工多用途作物，需求一直呈上升趋势，目前已发展成为我国种植面积最大、总产量最高的作物，占全国粮食产量的比例已超过40%，对保障国家粮食安全发挥着重要作用。根据国家统计局数据分析，2001—2020年我国玉米种植面积年均增长2.46%，而单产增长仅为1.30%，种植面积增加对总产量增长的贡献为64%，单产的贡献为36%。随着人口增加、城市化进程加快，导致耕地资源趋紧，只有持续提高玉米的单产水平，才能满足粮食消费需求的刚性增长，保障国家粮食安全。据中国农业发展报告（2021—2030），2020年国内玉米总消费量2.96亿t，预计2025年将上升到3.14亿t，2030年达到3.32亿t，这需要玉米的单产水平由2020年的421 kg/亩增加到2025年的469 kg/亩，2030年进一步达到505 kg/亩，未来10年需平均年增长2.4%。

合理密植是国内外玉米增产的主要途径，也是科技进步的综合体现。中国农业科学院作物栽培与生理创新团队自2004年起系统开展玉米高产突破研究，针对玉米增密种植面临的倒伏、整齐度差、早衰等系列问题，经过18年的攻关，逐一攻克了这些难题，探索明确了玉米产量潜力突破的主要途径，创新了密植栽培与高产群体构建、水肥一体化精准调控、机械粒收全程机械化等关键技术，实现了产量、资源效率和经济效益的协同提升，产量不断取得突破，连续7次刷新全国玉米高产纪录，创造了小面积亩产1 663.25 kg（2020，新疆奇台）和万亩（10 500亩）平均亩产1 229.8 kg（2017，新疆新源71团）的中国玉米高产纪录。这些突破采用密植高产农艺技术与滴灌水肥一体化工程技术相融合，通过筛选耐密抗倒宜机收品种、耕层构建、导航单粒精量点播、滴水出苗、化学调控，构建了整齐抗倒防衰的密植高质量玉米群体；通过滴灌水肥一体化系统依据玉米水肥需求规律精准调控，配套秸秆覆盖与少免耕、病虫草害综合防治、机械籽粒直收等关键技术，集成的“玉米密植高产全程机械化绿色生产技术”自2013年以来多次被农业农村部遴选为全国玉米主推技术，2019年入选中国农业农村十项重大新技术，在新疆北疆、甘肃、宁夏等西北灌区已得到全面推广，近年在东北补充灌溉区和黄淮海夏播区试验示范，取得了显著的增产增效效果。

为了在东北春玉米区推广玉米高产研究成果，2019年研究团队与内蒙古通辽市农业主管部门紧密合作，构建“政府＋科研＋推广部门＋企业＋合作社”的玉米产业技术研发推广模式，针对区域生态特点与生产问题，开展东北玉米密植高产精准调控关键技术研究与模式集成。通过设立多点联合试验，建立高标准示范田，在玉米生产关键环节开设田间课堂，进行技术攻关、集成示范，组织观摩与培训。在降低灌溉用水和优化施肥条件下，通辽市科尔沁区钱家店镇示范田采取机械籽粒直收测产收获 20 亩，平均亩产达到 1 110.95 kg，2020 年测产又上升到 1 234.88 kg，创东北玉米全程机械化规模种植的高产纪录，示范田灌溉水利用率达到 5.65 kg/m^3、氮肥偏生产力达到 59.9 kg/kg，是一般农户水平的 2 ~ 3 倍，实现了产量与资源利用效率的协同提高。2021 年玉米密植高产精准调控技术模式在东北春玉米区的内蒙古自治区通辽、赤峰、兴安盟，辽宁省法库、昌图，吉林省乾安，黑龙江省大庆和齐齐哈尔等地安排了千亩、万亩集成示范田，测产结果显示 90% 以上示范田单产超过 1 000 kg/ 亩，较当地农户平均增产 300 ~ 400 kg，示范效应极为明显，形成了东北玉米技术创新与推广的“通辽模式”。

为了加速玉米密植高产精准调控技术在全国的推广，研究团队面向东北春玉米、西北灌溉春玉米、黄淮海夏播玉米等不同区域的生产特点编写了系列丛书。本书为东北春玉米区技术模式，简明介绍了区域生产问题分析、理论基础研究、关键技术创新和生产模式集成 4 个模块的研发过程和技术成果，帮助读者更好地理解该技术模式的内涵。本书的主体内容均来自研究团队针对区域生产问题自主研发的成果与技术，保证了内容的科学性。本书的特点是科学研究与技术推广、科普相结合，立足于区域产业技术需求与生态、生产特点，在一个区域形成和推广一套模式。主要读者对象为基层农技人员、新型职业农民和种植大户等，力求语言通俗、图表简洁，突出技术的实用性和可操作性。创作团队作为中国科协首批作物科学首席科普专家团队，希望通过本套丛书的出版发行，为玉米生产者提供切实帮助，不断提高玉米产量和资源利用效率，为我国玉米市场竞争力提升和农户增收提供科技支撑。

玉米密植高产精准调控技术模式研究与本书出版，均得到了中国农业科学院科技创新工程玉米“藏粮于技”重大任务、国家现代玉米产业技术体系、国家自然科学基金等多个项目的资助。成书过程中，还广泛征求业界专家和用户的意见，孙士明、王振营、李香菊等专家对书稿进行了审阅和修改，在此一并表示衷心的感谢！

李少昆

2021 年 12 月 2 日

目　录

第一章

东北春玉米区
生态特点与生产问题

第一节　区域生态特点

东北春玉米区包括黑龙江、吉林、辽宁和内蒙古的东四盟，是中国重要的玉米产区和优质粮、商品粮生产基地。2019 年玉米播种面积 2.37 亿亩[①]，约占全国玉米种植面积的 38.20%，总产量占全国的 42.29%，平均单产 466.26 kg/ 亩。

东北春玉米区地处世界黄金玉米带，地域广阔，经纬度相差较大，热量和光照资源相对丰富，适宜玉米生长发育。大部分地区地势平坦，土壤肥沃，以黑土、淤土、棕色土为主，为一年一熟制，以玉米单作为主。该区域属寒温带，湿润、半湿润气候，冬季气温低，无霜期短。近 30 年气象数据统计结果表明，日平均温度、日最高温度、最低气温和≥ 10 ℃积温由南向北呈逐渐递减趋势，≥ 0℃积温平均为 3 068.9 ℃ · d，分布范围为 2 814.4 ～ 3 361.5 ℃ · d；≥ 10℃积温平均为 2 716.1 ℃ · d，范围为 2 418.1 ～ 3 045.7 ℃ · d。其中，辽宁、内蒙古东南部、吉林的中西部具有本区较高的积温。全年平均降水量 543.0 mm，分布范围为 420.3 ～ 679.1 mm，从西向东、由南向北递增，约 70%降雨集中在 6—9 月，雨热同期。全年日照时数平均为 2 566.5 h，范围为 2 364.3 ～ 2 770.7 h，从东向西、从南向北呈递增趋势。

东北春玉米区不利的气象因素主要表现在：春季低温，常有“倒春寒”现象；玉米生育后期降温快、初霜早，籽粒灌浆、脱水缓慢，灌浆期短，影响产量和品质；尽管全年降水总量较多，但地区间、年际间、季节间波动较大，季节性干旱十分严重，导致产量不高、不稳。特别是在吉林、辽宁、黑龙江西部，常出现春旱、伏旱、秋吊现象，尤其春旱频发，有“十年九春旱”之说。受全球气候变化影响，近年干旱、高温、阴雨寡照、大风等极端逆境天气发生的频率有所增加。

在东北春玉米区的西辽河流域、松嫩平原西部、兴安岭山前平原等地区，包括内蒙古赤峰、通辽、兴安盟、呼伦贝尔，辽宁沈阳、朝阳、阜新、铁岭，吉林长春、四平、白城、松原，黑龙江大庆、齐齐哈尔等 14 地市盟，具备补充灌溉条件，常年玉米播种面积 1.14 亿亩。近 3 年（2018—2020 年）14 个地市平均单产为 491.3 kg/ 亩，其仅为同纬度美国玉米带平均亩产（740 kg）的 66.4%，在玉米生产技术、产量水平和资源利用效率方面是东北春玉米区提升潜力最大的区域。

---

① 1 亩≈ 667 m^2，15 亩 =1 hm^2，全书同。

第二节 主要生产问题

一、单产水平有待进一步提高

2018—2020 年，我国玉米平均单产为 416.4 kg/ 亩，美国为 719.6 kg/ 亩，加拿大为 631.4 kg/ 亩，法国为 578.3 kg/ 亩，我国玉米单产仅相当于美国的 57.9%。玉米是 C_4 高产作物，通过实施密植高产精准调控技术，2020 年，在新疆奇台总场创造了 1 663.25 kg/ 亩（24 948.75 kg/hm^2）的全国玉米高产纪录（图 1–1）；同年，在内蒙古通辽市科尔沁区钱家店镇创造了 1 234.88 kg/ 亩的东北玉米全程机械化规模种植高产纪录（图 1–2），分别较全国平均产量高出 1 246.85 kg 和 818.48 kg。目前世界玉米高产纪录是 2019 年在美国创造的 2 533.60 kg/ 亩（38 004 kg/hm^2）（图 1–3）。与国外高产田相比，我国玉米单产提升空间较大，但近年各地单产提速变缓，进入平台期，需要新的理论突破与技术支撑。东北地区是我国玉米生产条件最好的地区，但分析发现限制该区域产量提升的因素很多，其中，管理粗放、种植密度偏低是制约该区域玉米单产提升的重要原因之一。目前美国玉米平均种植密度约为 5 500 株 / 亩，且平均每年以约 66 株 / 亩速度增加，美国玉米高产竞赛获胜者的种植密度多分布在 5 700 ～ 7 300 株 / 亩，而我国东北玉米生产播种密度一般在 4 000 ～ 4 500 粒 / 亩，收获穗数为 3 000 ～ 4 000 穗 / 亩，与美国大田生产相比还有 1 500 ～ 2 000 株 / 亩的差距。

图 1–1 中国玉米高产纪录田（1 663.25 kg/ 亩，新疆奇台总场，2020）

图 1-2　东北全程机械化规模种植高产纪录田（1 234.88 kg/ 亩，通辽，2020）

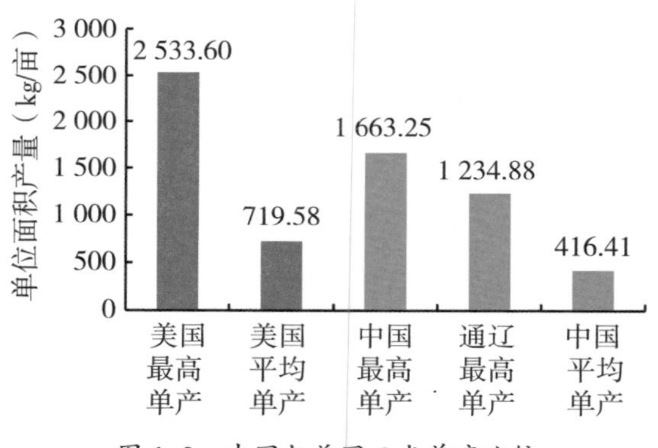

图 1-3　中国与美国玉米单产比较

二、收获时籽粒含水率偏高，商品质量不优不稳，产品专用率低

与发达国家相比，我国玉米的商品质量不高、专用性较差，主要表现在：一是受农户经营规模小、种植品种多和管理模式影响，造成商品玉米混杂，稳定性和一致性不高。二是收获时籽粒含水率偏高。基于长期人工收获方式，玉米品种熟期普遍偏晚，东北地区收获时玉米含水量一般在 30% ～ 40%，成熟度差，导致容重低、饲料能值低和加工出粉率低。据国家粮食和物资储备局统计数据显示，2019 年我国入库玉米平均容重为 737.5 g/L，比美国同期（755 g/L）低

17.5 g/L。作者对全国机械籽粒直收玉米田的调查显示，收获时籽粒含水率平均为25.91%，比美国高10.1个百分点。由于籽粒含水量高，东北种植大户又多采取晒场（“地趴粮”）方式储存，增加了损耗和霉变风险，还促使烘干成本高。三是专用率低。现代饲料业、加工业发展需要优质、专用化的玉米产品，但目前生产尚未重视专用化，制约了玉米增值增效（图1–4，表1–1）。

图1–4 玉米果穗堆放过程中易发生霉变

表1–1 中美玉米籽粒主要品质指标的比较

品质指标	中国（2019年）	美国（2020年）
容重（g/L）	737.5	755.0
含水率（%）	25.91*	15.80
淀粉（%）	71.50	72.20
粗蛋白质（%）	9.20	8.50
粗脂肪（%）	4.10	3.90

数据来源：国家粮食和物资储备局 / 美国谷物理事会；* 为作者团队调查机械籽粒直收玉米田数据。

三、耕地“浅、实、少”的问题仍然十分突出

深厚肥沃的耕层与土壤有助于玉米抗旱、耐涝、防倒和增产增收，是玉米增密种植的基础。东北春玉米区因长期“重用轻养”的经营模式导致耕地耕层变浅、结构紧实、有效耕层土壤量减少、有机质含量降低等问题十分突出，已经严重阻碍玉米根系发育、产量潜力的正常发挥和可持续发展。据2008年9—10月国家玉米产业技术体系在全国151个县、916个样点的调查结果显示，我国玉米田平均耕层深度为16.5 cm，其中东北春玉米区最浅，仅为15.1 cm，远低于22 cm的基本要求，与美国35 cm左右的耕层相差甚远；全国玉米田5～10 cm平均耕层土壤容重为1.39 g/cm^3，犁底层容重1.52 g/cm^3，已超过玉米根系生长发育适宜的容重范围（1.1～1.3 g/cm^3），而东北地区玉米田耕层容重为1.43 g/cm^3，高于全国平均水平。有效耕层土壤量是承载作物生产力的基础，全国平均有效耕层土量仅为1.56×10^5 kg/ 亩，东北地区为1.31×10^5 kg/ 亩，较正常有效耕层土

壤量 1.81×10^5 kg/ 亩（按 22 cm 耕深计算）分别低 14% 和 28%。近年来，随着农机深松补贴政策的实施，通过深松作业打破犁底层，部分地块耕层状况有所好转，但整体“浅、实、少”的问题仍然十分突出（图 1-5，图 1-6）。

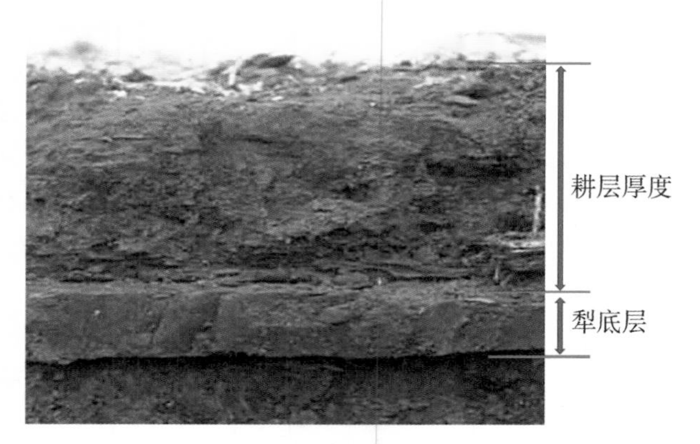

图 1-5 土壤耕层与犁底层

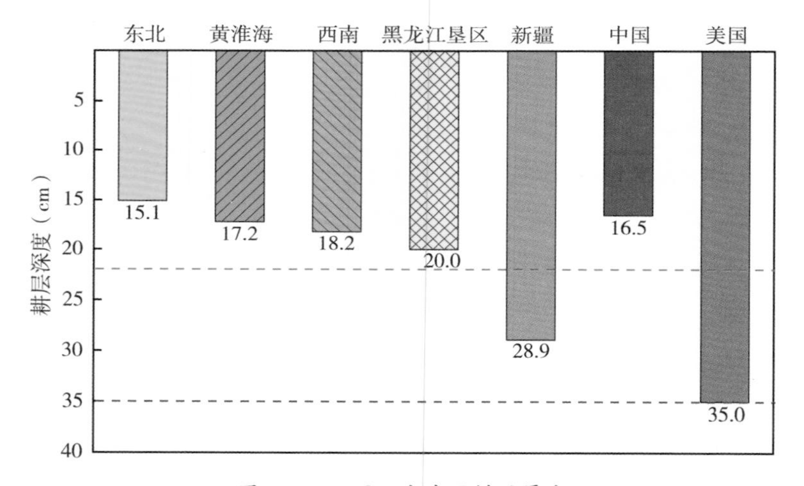

图 1-6 不同玉米产区耕层厚度

四、分散的农户经营组织方式制约了规模化生产

我国玉米生产的主要形式仍是一家一户分散经营，84.95% 农户耕地面积小于 50 亩，美国 50 ～ 3 000 亩的农场占到 71.64%（表 1-2）。美国玉米种植以家庭农场为主，在玉米带一个家庭每年种植的玉米面积一般在 3 750 ～ 3 900 亩。然而，我国玉米生产土地规模偏小、集约化程度低，制约了机械作业效率的提高和新技术采用的积极性，导致劳动效率低、单位面积成本高，玉米竞争力不强。

表 1-2 中美家庭农场种植规模比较（%）

户均种植面积	中国（*N*=5 775，2020 年）	美国（*N*=2 042 220，2017 年）
＜6 亩	40.31	0
6 ～ 50 亩	44.64	13.38
50 ～ 300 亩	12.43	28.55
300 ～ 1 000 亩	2.30	27.65
1 000 ～ 3 000 亩	0.23	15.43
3 000 ～ 6 000 亩	0.05	6.53
6 000 ～ 12 000 亩	0.02	4.29

数据来源：国家玉米产业技术体系调研 / NASS of USDA。

五、其他制约因素

在东北玉米产区还存在许多制约生产发展的因素。第一，20 世纪 70 年代以后，由于玉米种植面积大幅度增加，大面积玉米连作，破坏了合理的轮作体系，土壤养分消耗大；同时，长期采取垄作翻耕作业，秸秆还田量低，土壤风蚀、水蚀现象严重，其中，东北西部风沙区为农牧混作区，大量秸秆离田作为饲料，冬春季地表裸露，造成严重的土壤风蚀、沙化；而东部多为半山区，土壤水蚀较重，已严重制约了作物生产的可持续发展。第二，随着水稻种植面积和补充灌溉区作物种植规模的扩大，地下水超采现象十分严重，特别是松嫩平原和辽河平原，推广先进适用的节水灌溉技术，实现节水增粮十分迫切。第三，病虫害（茎腐病、丝黑穗病、穗腐病、玉米线虫矮化病、地下害虫、玉米螟、黏虫等）为害及除草剂药害有日趋加重趋势，严重发生时产量损失达 15% ～ 30%。第四，管理粗放，多采取“一炮轰”的施肥方式，化肥、农药等化学投入品使用过量，效率低，2019 年东北三省化肥投入量平均为 15.7 kg/ 亩，高于美国的 8 kg/ 亩；我国农药利用率 40%，欧美发达国家为 50% ～ 60%。第五，东北地区综合机械化率虽然达到 90% 以上，但是机械化水平偏低，玉米收获以机械穗收为主，收后需要晾晒脱粒，不仅费时、费工，霉变风险也较大。

第三节　解决的对策

玉米生产的目标是提高农民收入、产业效益和市场竞争力，提高产量、改善品质、降低成本将是今后玉米生产发展的核心，其中科技是贯穿这些因素的第一要素。在降低生产成本方面，据估算科技进步的贡献约占 50%，规模化生产占 30%，节本增效管理占 20%，因此，未来玉米生产的发展要通过科技创新、规模化种植和高效管理予以综合施力。

随着社会经济的快速发展，当前东北产区也同我国其他产区一样，玉米生产正在发生 4 个方向的转变，即从人工种植向机械化生产转变，从小农生产向规模化生产转变，从以高产为目标向高产高效转变，从精耕细作向轻简栽培转变，玉米生产应尽快适应这一趋势，做出积极应对。

针对东北春玉米区生态气候特点与主要生产问题，研发团队将玉米生产由以往以单产为目标转变为提高籽粒生产效率为目标，通过增加种植密度提高单产，通过滴灌水肥一体化实现玉米按需精准调控，通过籽粒直收实现高水平的全程机械化，研发了玉米密植高产精准调控的关键技术，并形成了在规模化种植和管理条件下的区域生产技术模式—玉米密植高产精准调控技术模式，希望能够以更低的水肥资源、人工投入和经济成本代价生产出更多的玉米籽粒，为东北区域玉米产量、效益和资源利用效率的协同提升提供有力的科技支撑。

第二章

玉米密植高产精准调控技术原理

第一节　合理密植是玉米增产的主要途径

一、合理密植是国内外玉米增产的主要途径

玉米群体产量取决于品种遗传特性、环境条件和种植密度三者的相互作用。据美国研究，玉米产量增益中21%来自种植密度的增加。自20世纪80年代以来，在玉米生产中，由于选育和推广耐密抗倒品种，增施化肥和大面积应用测土配方施肥技术、改善灌溉条件、缩小行距及耕作、病虫草害防治水平不断提高，世界玉米的种植密度不断加大，增密种植成为玉米生产先进国家大面积实现高产的关键措施与发展趋势。

中美玉米发展历程均表明玉米产量的提高与种植密度的增加高度相关。由图2–1可见，美国20世纪30年代玉米种植密度约2 000株/亩，当时产量水平仅有100～130 kg/亩；70年代达到每亩3 000株左右，玉米单产接近400 kg/亩；80—90年代增加到4 000株/亩，产量提高到500 kg/亩；近年玉米带的种植密度增加至每亩5 500株左右，产量达到700 kg/亩以上。美国玉米种植密度在20世纪30—60年代增速为17株/（亩·年），70年代后增速明显加快，20世纪60年代至21世纪10年代增速达到43株/（亩·年）。与此同时，20世纪30—60年代，美国玉米产量增益约为4 kg/（亩·年），而20世纪60年代至21世纪10年代则上升到8.7 kg/（亩·年）。中华人民共和国成立之初，我国玉米生产水平较低，玉米种植密度不到1 000株/亩，产量仅有60～70 kg/亩。中华人民共和国成立70多年来，随着科技进步、投入增加和生产管理水平的提高，玉米种植密度逐年增加，目前，全国玉米种植密度4 000株/亩左右，平均产量达到421.13 kg/亩，但与美国相比，种植密度和单产均有较大差距，特别是近20年这一差距仍在持续拉大（图2–1）。

在玉米各项增产因素中，合理密植是最经济有效、易于控制和推广应用的增产措施，也是各地实现高产突破的关键。对2005—2008年经全国玉米栽培学组和农业部玉米专家组验收的57块吨粮田（亩产超过1 000 kg）分析表明，种植密度平均达到5 733株/亩，随着种植密度的提高，玉米收获穗数显著增加，与穗粒数、千粒重相比，产量与收获穗数的相关度最高（r=0.946**），这表明通过增加种植密度增加单位面积穗数是最容易实现产量提升的（图2–2）。团队在各地开展的高产实践也证明，玉米产量的不断突破与收获穗数的增加密切相关（图2–3）。在通辽经济技术开发区辽河镇滴灌水肥一体化种植条件下也观察到相同的结果（图

2–4）。2020 年在新疆奇台总场创造的全国玉米高产纪录田每亩播种 9 000 粒，收获穗数达到 8 642 穗 / 亩；通辽市科尔沁区钱家店镇亩产 1 234.88 kg 的高产田每亩播种 6 000 粒，收获穗数达到 5 577 穗 / 亩，均是通过增密实现产量突破的。

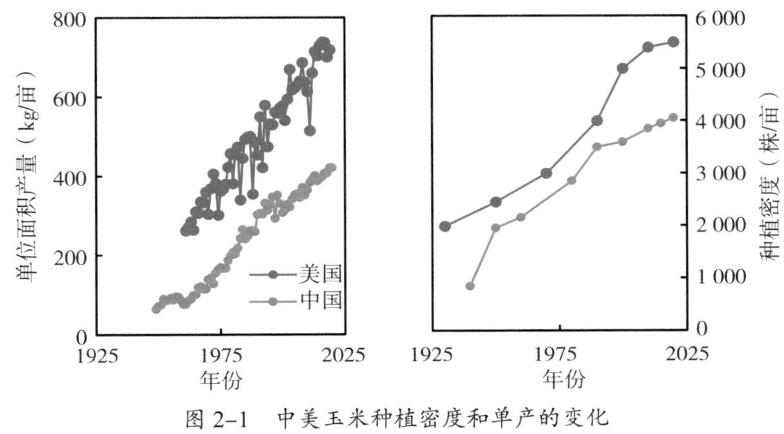

图 2–1 中美玉米种植密度和单产的变化

（根据文献和实地调查整理）

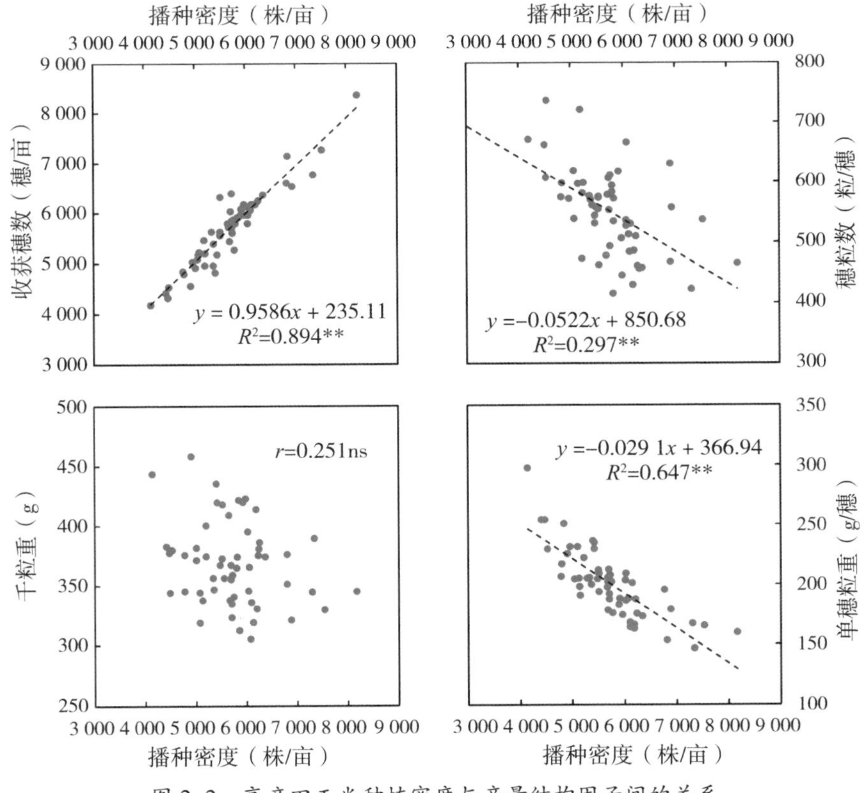

图 2–2 高产田玉米种植密度与产量结构因子间的关系

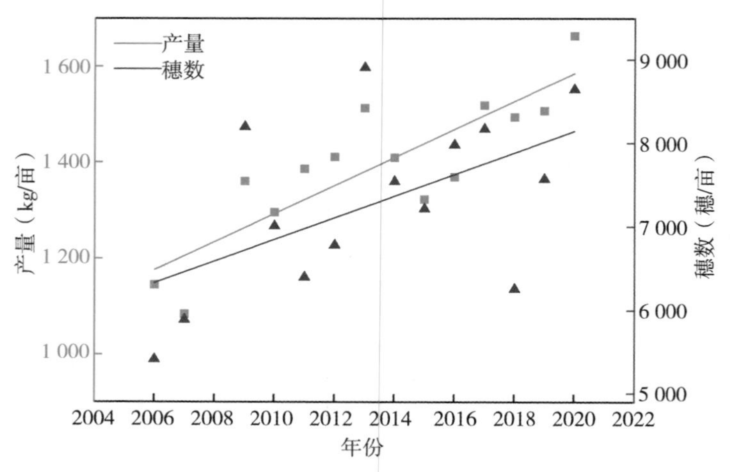

图 2-3 不同年份玉米最高产量与收获穗数的关系

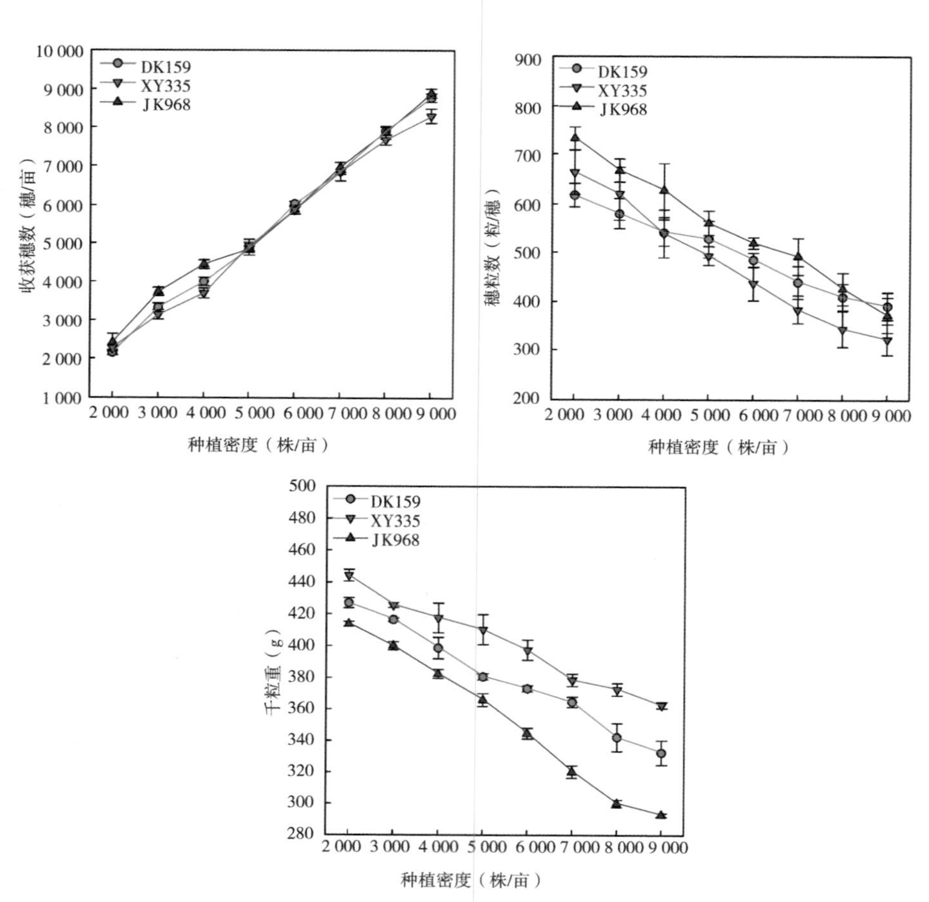

图 2-4 浅埋滴灌水肥一体化条件下种植密度对玉米产量构成因素的影响

二、当前生产中玉米的种植密度

2020 年，对我国 243 个玉米主产县、5 670 户玉米田进行抽样调查，结果显示，当前我国玉米平均收获穗数为 3 889 穗 / 亩，种植密度普遍较低，其中，东北春玉米区平均亩收获穗数 3 845 穗，低于西北春玉米和黄淮海夏玉米区（表 2-1）。

表 2-1 不同产区玉米产量构成调查结果（2020 年）

区域	调查样本	收获穗数（穗 / 亩）	穗粒数（粒）	千粒重（g）
东北春玉米区	83 个县市、1 932 户	3 845	536	317
黄淮海夏玉米区	76 个县市、1 760 户	4 226	488	334
西北春玉米区	34 个县市、794 户	4 306	577	334
西南及南方玉米区	50 个县市、1 184 户	3 179	515	326
平均		3 889	529	327.8

进入 2000 年以来，东北春玉米区种植密度增长较快，年均增速 114 株 / 亩，成为东北玉米产量提高的重要因素，但 2013 年以后增长变缓，年均增速 27 株 / 亩，目前收获株数稳定在 4 000 株 / 亩左右。在东北不同生态区，黑龙江第 3 至第 5 积温带种植密度最高，收获株数平均达到 5 045 株 / 亩，吉林和辽宁最低，约 3 600 株 / 亩，增密增产潜力较大（图 2-5，表 2-2）。

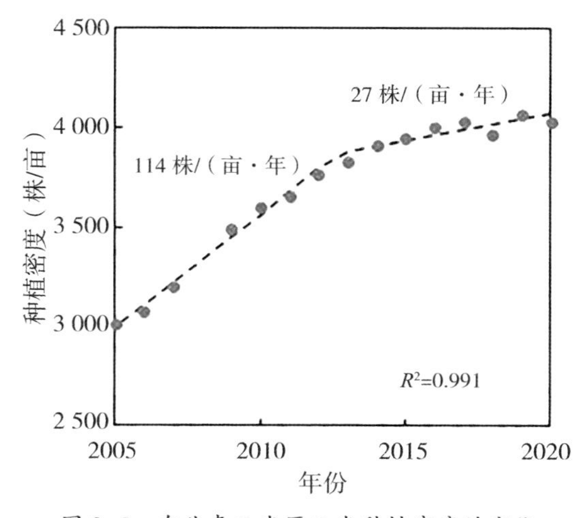

图 2-5 东北春玉米区玉米种植密度的变化

表 2–2　东北不同区域玉米种植密度（2018—2020 年）

区域	收获株数（株 / 亩）
黑龙江第 1 至第 2 积温带	3 906
黑龙江第 3 至第 5 积温带	5 045
吉林	3 613
辽宁	3 667
内蒙古东四盟	4 207

三、合理密植增产原因与原则

大量的研究与生产实践表明，玉米种植密度不断增加是科学技术进步的综合体现。

（一）合理密植增产的原理

提高农田单位面积产量，关键在于协调个体与群体之间的矛盾，建立合理的群体结构，使个体和群体发挥最大的效能。玉米合理密植增产的原理在于有效地利用光能、热能和充分地利用地力、水、肥资源保证个体的正常发育、群体得到最大限度的发展，使单位面积上的穗数、粒数和粒重得到统一，从而获得高产。

（二）品种株型改变、耐密性增强为增密增产提供了品种基础

当代高产品种表现出果穗上部叶片收敛、节间延长，果穗下部节间缩短、穗位降低，穗位系数下降，雄穗分枝减少，群体光分布改善、抗倒能力增强的特点，品种耐密性增强，更有利于群体密度的有效增加（图 2–6）。东北不同年代种植的代表性品种，包括 20 世纪 50 年代的农家种白鹤和英粒子；60 年代的杂交种吉单 101，70 年代的中单 2 号和四单 8 号，80 年代的丹玉 13 和吉单 180，90 年代的掖单 13，2000 年以来的郑单 958 和先玉 335，由图可见，随品种更替，玉米上部茎叶夹角明显变小（图 2–7），即当代杂交种耐密性的提高是玉米产量增加的重要原因。

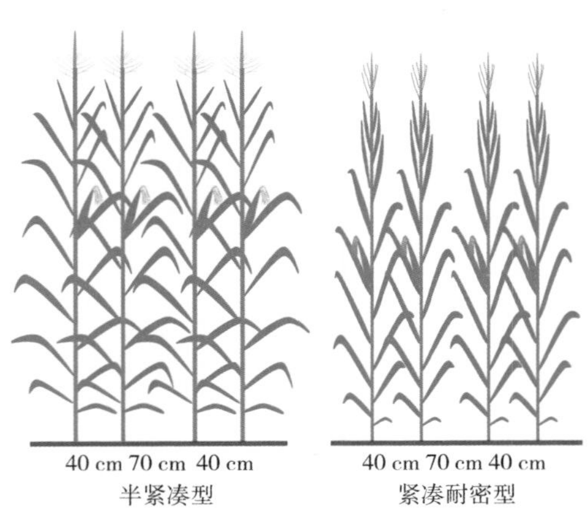

图 2–6　耐密高产品种（图右）与传统品种（图左）株型对比示意图

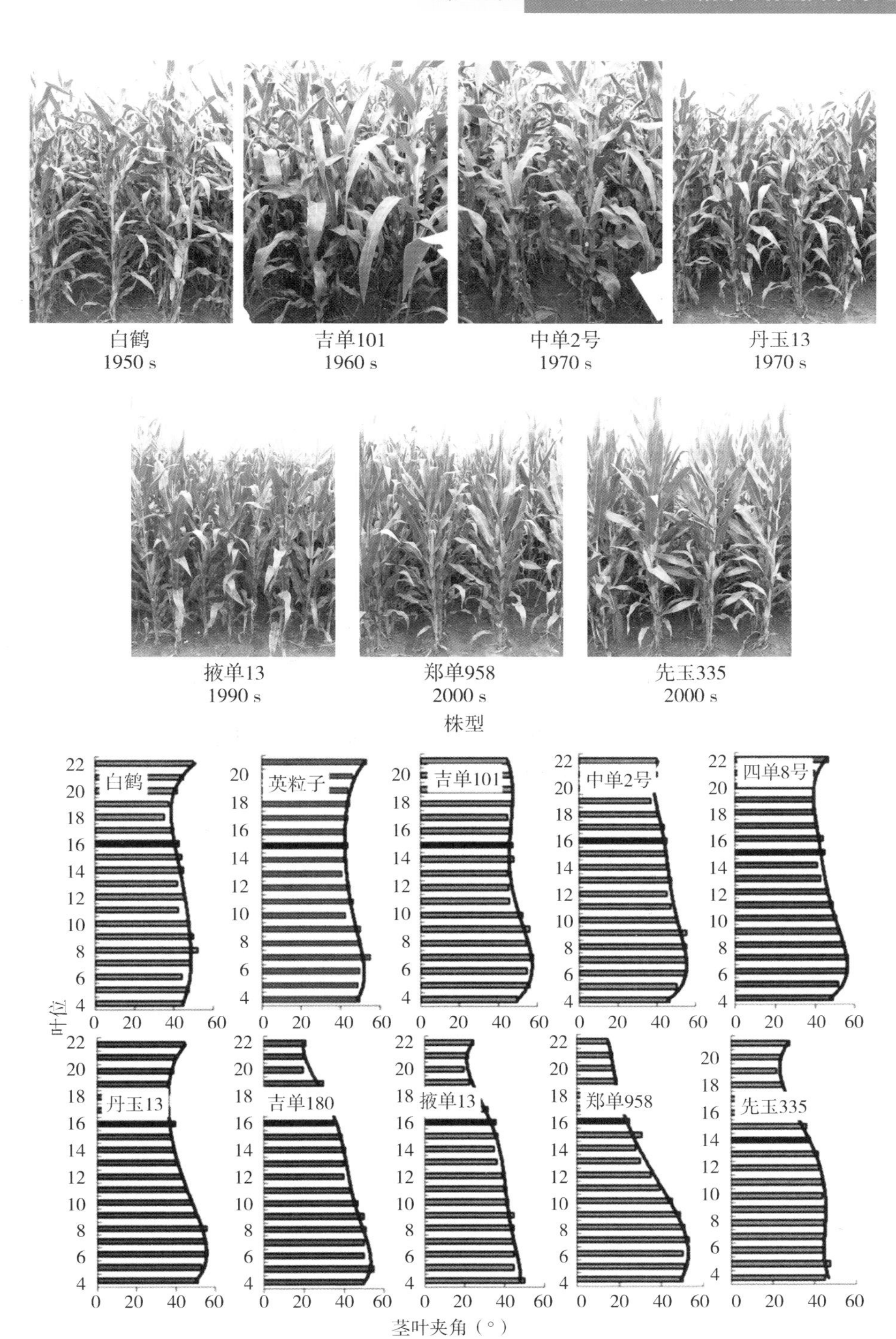

图 2-7 东北春玉米区不同年代玉米品种的株型与茎叶夹角

（三）品种的“适宜密植区”

当密度增加到一定限度时，增产幅度减缓，继续增加密度，产量逐渐降低，存在“适宜密植区”。不同品种在不同区域、生产水平和管理条件下适宜密植区不同，如图 2-8 所示，在美国 1987—1991 年培育的品种最佳的种植密度为 5 000 株 / 亩，而 2012—2016 年培育的品种增加到 6 200 株 / 亩，提高了 1 200 株 / 亩。在通辽市经济技术开发区辽河镇示范田试验，京科 968（JK968）最适宜密度范围在 4 000 ～ 5 000 株 / 亩，迪卡 159（DK159）在 6 000 ～ 7 000 株 / 亩；在辽宁省法库试验，依据拟合方程求得 DK159、东单 1331（DD1331）最高产量分别为 1 040.05 kg/ 亩和 1 027.09 kg/ 亩，对应的种植密度为 6 267 和 6 597 株 / 亩，其中，DD1331 较 DK159 具有更宽泛的适宜种植密度（图 2-9）。每个品种在适宜范围内果穗大小变幅较小，超过一定密度（例如 DK159 超过 6 000 株 / 亩）果穗迅速变小（图 2-10）。因此，不同品种要在合理的范围内增密才能达到增产目的。

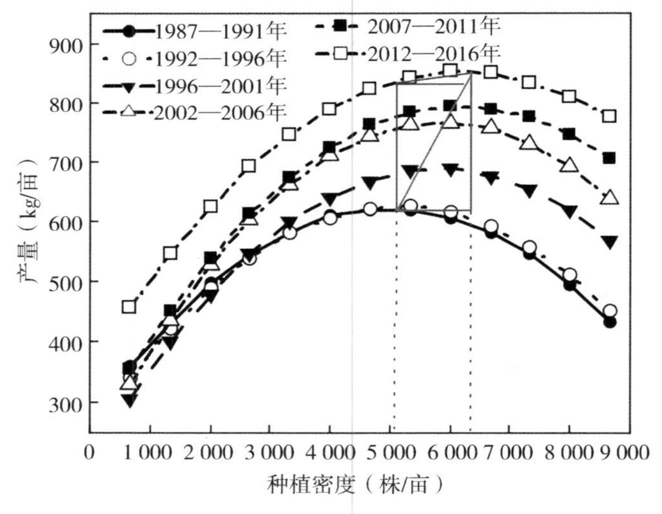

图 2-8　不同年代玉米品种产量随种植密度的变化
（数据来源：Assefa et al., 2018）[①]

（四）滴灌水肥一体化精准调控可有效提高适宜密植区

玉米种植生产水平越高（包括品种、土壤肥力、施肥水平、灌溉条件、病虫草害防治、生产管理水平等）及气候条件越适宜，最适宜的种植密度越大。滴灌水肥一体化技术可以分次施用，满足密植群体全生育期内的水肥需求，精准调

① ASSEFA Y, CARTER P, HINDS M, et al., 2018. Analysis of long term study indicates both agronomic optimal plant density and increase maize yield per plant contributed to yield gain[J]. Scientific Reports, 8: 4937.

控玉米生长发育、提高玉米生长整齐度，从而有效增加玉米种植密度，实现高产增效。

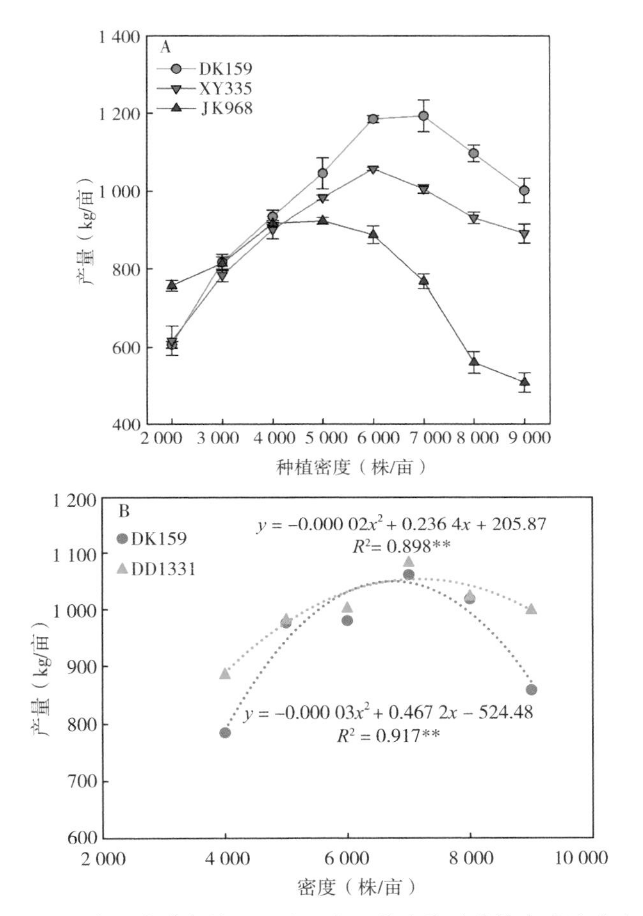

图 2-9　浅埋滴灌条件下不同玉米品种产量对种植密度的响应（A：内蒙古通辽；B：辽宁省法库）

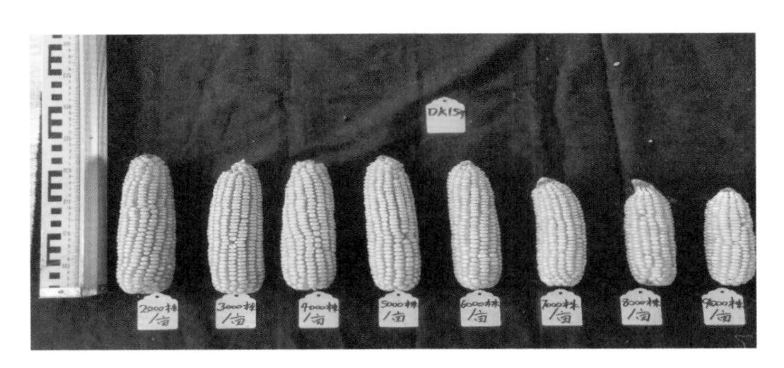

图 2-10　不同种植密度（2 000 ～ 9 000 株 / 亩）DK159 的果穗变化

（五）合理密植的原则

早熟、矮秆、耐密品种宜密，晚熟、高秆、株型松散、耐密性差的品种宜稀；一般中、小穗型品种适宜密植，大穗型品种适宜稀植；在肥力较高的地块上适宜增密的幅度较宽，在中低肥力地块上适宜增密的幅度较窄；降雨或灌溉条件好的地区，如实施滴灌水肥一体化可适当密植，干旱或水浇条件差的地区可适当稀植；水肥管理水平高的宜密；不同生态气候地区因纬度、温度、日照、地势等自然因素不同，适宜的密度范围不同。因此，合理密植应根据当地的气候条件、土壤条件、品种特性、生产条件与管理水平以及生产目的确定。

在东北玉米区，影响玉米种植密度提高的诸多因素中，品种选择、施肥、灌溉、除草、防治病虫害等技术措施是人为可控的，而光照强度、降雨、温度等因素则是不可调控的自然因素，这些因素将成为增密高产的限制因素。玉米密植高产精准调控技术作为一种积极性的合理密植技术，即通过筛选耐密、抗病、抗倒品种、耕层构建、病虫草害综合防治等技术构建高质量的群体，通过滴灌水肥一体化实现精准调控，努力创造条件实现种植密度的有效增加，提高生产管理水平，从而获得更高产量和效益。

第二节　滴灌水肥一体化实现玉米精准调控

一、东北区玉米施肥与灌溉技术的发展

东北春玉米区以雨养为主，其西部半干旱、半湿润区因降雨不能满足玉米生长需求，需要进行补充灌溉。早期的灌溉方式主要是大水漫灌或畦灌，在2000年前后，沟灌成为主要灌溉方式；一些大型农场引进了喷灌设施进行喷灌；2010年之后，开始尝试膜下滴灌；2015年之后推广无膜浅埋滴灌，目前无膜浅埋滴灌已成为东北区灌溉方式的主要发展方向。而在大水漫灌和沟灌技术条件下，施肥主要是基肥加拔节期追肥，一般60%～70%的肥料作为基肥施入，30%～40%的肥料在拔节期作为追肥施入。但为了省工，目前绝大部分农户采取“一炮轰”的施肥方式，即所有肥料在播种时作为基肥一次性施入，该施肥方式带来的最大问题是前期旺长，植株下部节间长、茎秆脆弱，抗倒能力差；后期则容易脱肥，属于“前重型”的施肥。后来随着缓控释肥发展，一次性施肥中加入了缓控释肥，后期脱肥问题得到一定程度缓解。近年，随着滴灌技术的应用推广，为大田水肥一体化调控提供了便利的实施途径，但由于理念和技术限制，目前水肥一体化的水平还有待进一步提高。

二、水肥一体化的概念

玉米水肥一体化是将灌溉与施肥融为一体的一项农业新技术。借助压力系统（或地形自然落差），将肥料按土壤养分含量、产量目标和玉米的需肥规律，调配成肥液与灌溉水一起，通过管道形成均匀、定时、定量的水肥溶液滴施在玉米根系区域，使该区域土壤始终保持适宜的含水量和肥力水平，同时按玉米生育进程进行设计，把水分、养分定时定量，按比例分次提供给玉米。

三、水肥一体化的管网结构

水肥一体化系统通常包括水源工程、首部枢纽、过滤系统、田间输配水管网系统和控制软件平台等部分，还可配套田间气象监测站、土壤墒情监测站。首部枢纽系统主要包括水泵、过滤器、压力与流量监测设备、压力保护装置、施肥设备（水肥一体机）和自动化控制设备（图2-11）。在实际生产中由于供水条件和灌溉要求不同，水肥一体化自动施肥系统可根据需要由部分设备组成应用系统。

图 2-11 玉米滴灌系统的首部

四、水肥一体化的优点和效果

通过滴灌技术，将水、肥进行一体化施用，第一，解决了“水”的问题，可按照玉米需求“精量”供水，改按“次”灌水为按“量”灌水，真正实现精准灌溉、节水灌溉。第二，解决了玉米追肥“难”的问题。玉米植株高大，追肥困难，中后期肥料供给不足是限制玉米增产的瓶颈，水肥一体化可轻松追肥，按玉米需肥规律给肥，使玉米穗大粒饱，实现增产。第三，解决了玉米密度低的问题。密度不足是限制玉米增产的关键问题，水肥一体化可以通过滴水出苗保证玉米苗齐、苗全和较高的整齐度，避免空秆、小穗，从而有效提高玉米种植密度。第四，通过中后期追肥，改传统“一炮轰”的“前重型”施肥为分次按需施肥，避免了前期旺长，增强玉米抗倒伏能力。第五，解决了浇地用工“贵”的问题，用滴灌灌溉比沟灌、漫灌节省人工费用 50% 以上，可以提高人均土地管理定额。在满足玉米生长发育需求的前提下，通过水肥精准调控，使玉米朝着高产、资源高效的方向发展，是实现密植高产玉米精准调控的重要手段。

在通辽科尔沁区钱家店镇试验基地，通过滴灌水肥一体化实施玉米生产精准调控，与传统漫灌对比（表 2–3）可见，在相同施氮量（18 kg N/ 亩）和灌溉量（300 m^3/ 亩）条件下，密植水肥一体化处理的玉米产量较传统漫灌方式处理每亩增产 280.3 kg，氮肥偏生产力、灌溉水利用效率和水分生产效率分别增加了 15.6 kg/kg、0.93 kg/m^3 和 0.91 kg/m^3；在传统生产稀植条件下，采用水肥一体化的处理较传统漫灌处理亩产提高了 196.5 kg，氮肥偏生产力、灌溉水利用效率和水分生产效率分别增加 10.9 kg/kg、0.65 kg/m^3 和 0.63 kg/m^3。技术贡献分析（图 2–12）结果表明，采用滴灌水肥一体化措施可实现产量增加 196.5 ～ 280.3 kg/ 亩，增幅 28.17% ～ 33.15%；实施密植 + 水肥一体化技术可增产 428.2 kg/ 亩，增幅 61.37%，因此，水肥一体化精准调控与密植技术的融合是实现玉米产量突破、效率与效益提升的重要途径。

表 2–3　滴灌水肥一体化精准调控对玉米产量和水肥利用效率的影响

项目	水肥一体化		漫灌	
	密植	稀植	密植	稀植
品种	DK159	DK159	DK159	DK159
产量（kg/ 亩）	1 125.9	894.2	845.6	697.7
收获穗数（穗 / 亩）	5 744	3 890	5 740	3 870
施氮量（kg/ 亩）	18	18	18	18
灌溉量（m^3/ 亩）	300	300	300	300
氮肥偏生产力（kg/kg）	62.6	49.7	47.0	38.8
灌溉水利用效率（kg/m^3）	3.75	2.98	2.82	2.33
水分生产效率（kg/m^3）	2.44	1.97	1.53	1.34

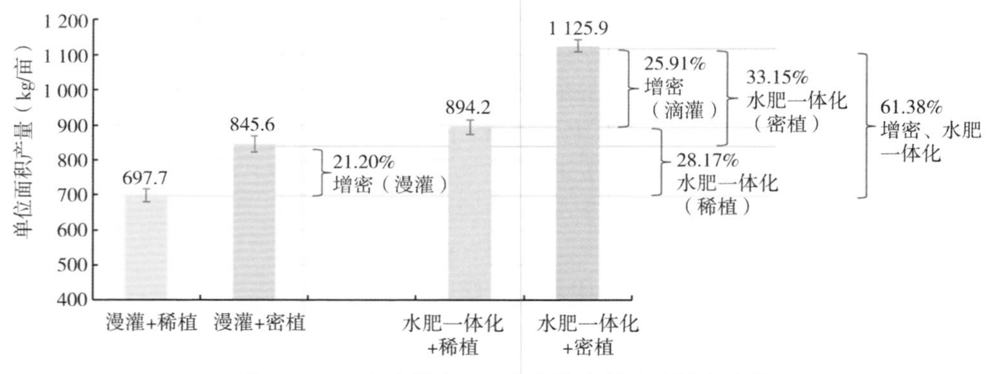

图 2–12　玉米滴灌水肥一体化技术措施的增产效果

第三节 玉米密植高产群体构建

玉米生产的实质是群体光合产物形成、积累与分配，即通过群体光合作用形成生物产量和经济产量。籽粒产量是生物产量中的一部分，占总生物量的55%左右。因此，高产首先要有高的生物产量，而高的生物产量可通过增加密度，即增大群体来实现。但增大群体后，植株个体之间的竞争加剧，出现株高、穗位增高，茎秆细弱，遇风易倒伏倒折；群体增大后个体间差异造成植株间不平等的竞争，使群体整齐度进一步下降，出现空秆或大小穗；或者在封垄后，尤其吐丝后，抗病性差，冠层通风透光变差、中下部叶片枯黄，出现早衰现象，穗粒数和粒重下降，最终导致增密不增产，生产风险徒增。因此，构建密植抗倒整齐防衰的群体是高产实现突破和密植高产精准调控技术模式的关键。

一、玉米高产群体的特征

通过对全国玉米高产纪录田（1 663.25 kg/亩，新疆奇台，2020）、通辽玉米高产纪录田（1 234.88 kg/亩，内蒙古通辽，2020）及稀植水肥一体化和传统漫灌田农户对照（图1-2，图2-13，表2-4）群体特征分析可见，密植高产群体应具有以下特征。

图2-13 通辽密植高产精准管理玉米拔节期和吐丝期群体长相

表 2-4　不同产量水平玉米田关键指标对比

项目	全国高产纪录田（新疆奇台）	东北高产纪录田（内蒙古通辽）	通辽稀植水肥一体化田	通辽稀植漫灌田（CK）
品种	MC670	C3288	DK159	DK159
产量（kg/ 亩）	1 663.25	1 234.88	894.20	697.70
收获穗数（穗 / 亩）	8 642	5 577	3 890	3 870
群体粒数（粒 /m^2）	7 118	5 117	3 615	3 257
（万粒 / 亩）	474.6	341.2	241.1	217.3
成熟期干物质（kg/ 亩）	2 754.0	1 925.3	1 654.0	1 325.1
光能利用率（%）	2.49	2.39	2.06	1.65
花后干物质积累率（%）	57.7	54.9	55.5	52.9
吐丝期 LAI	8.90	6.50	4.66	4.15
成熟期 LAI	4.20	2.70	3.23	2.59
吐丝后光合势［（m^2・d）/m^2］	530.6	260.1	274.8	227.9
花后光合时间（d）	81	69	70	68

（一）群体数量足、结构优

全国高产纪录田和通辽高产纪录田的玉米播种密度分别为 9 000 粒 / 亩和 6 000 粒 / 亩，收获穗数为 8 642 穗 / 亩和 5 577 穗 / 亩，群体粒数达到 474.6 万粒 / 亩和 341.2 万粒 / 亩，吐丝期最大叶面积指数（LAI）分别达到 8.9 和 6.5，而通辽稀植水肥一体化、稀植漫灌对照田收获穗数分别为 3 890 穗 / 亩和 3 870 穗 / 亩，群体粒数为 241.1 万粒 / 亩和 217.3 万粒 / 亩，最大 LAI 为 4.66 和 4.15，高产纪录田表现出群体源大、库足的特征。此外，据群体结构分析，高产田群体植株生长均匀，茎秆健壮、下部节间短而粗壮，中上部节间逐渐拉长，穗位以上叶间距较大，穗位高度适中；叶片在空间分布均匀，下部叶片较披散，中上部分叶片上冲，株型收敛，群体通风透光性好。其中，全国高产纪录田穗位系数（穗位高度 / 株高）为 0.39，穗上穗下节间平均长度分别为 20.1 cm 和 16.0 cm，穗上叶片夹角平均为 18°、穗下为 32°，群体穗位部透光率为 19%，底部透光率为 3%。对东北不同年代代表性品种在不同密度下群体的光分布测试也表明，随品种更替，新品种群体透光状况明显改善，例如 5 500 株 / 亩密度下，农家种白鹤穗位层透光率为 11.6%，而当代品种郑单 958 和先玉 335 分别达到 16.8% 和 19.8%，较白鹤高出 5.2 个和 8.2 个百分点（图 2-14）。

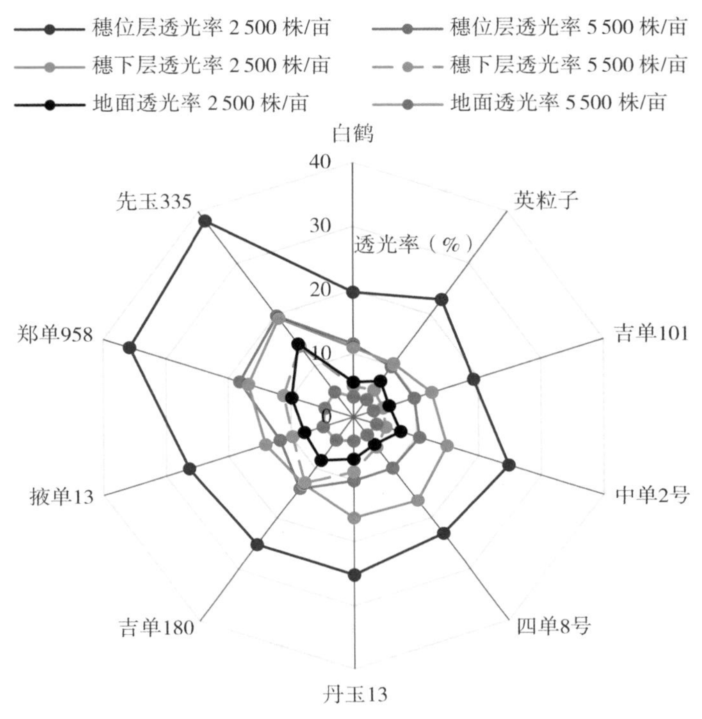

图 2–14　东北地区不同年代品种玉米群体的透光率

（二）群体抗倒性强

高产纪录田果穗以下节间较短，尤其基部 2 ～ 5 节间短、粗、壮，穗位节间距适中，穗位高不超过株高的 40%；玉米根系发达，根系分布深而广，气生根 2 ～ 3 层、条数多，植株茎秆韧性好，群体抗倒性强。东北地区不同年代品种的抗倒性也随着品种更替明显增强（图 2–15）。

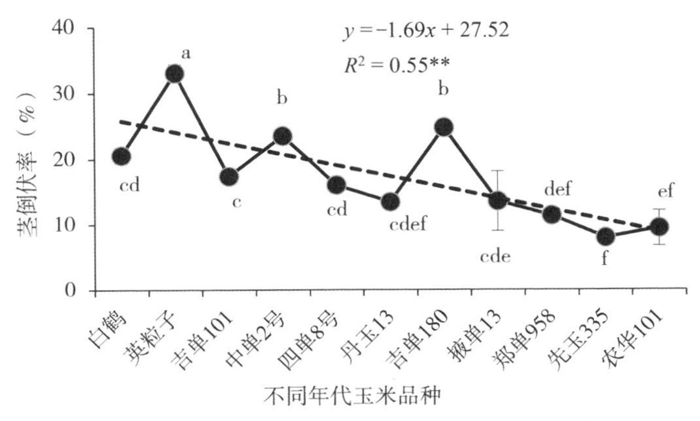

图 2–15　东北地区不同年代玉米品种的倒伏率

（三）群体整齐度高

表现在出苗整齐一致，生长发育整齐一致；茎秆粗细一致，植株的高度、穗位高度整齐一致；植株间叶片数量、大小、着色整齐一致；叶片衰老进程一致、果穗成熟度一致；果穗大小整齐一致。

（四）群体不早衰

高产玉米籽粒产量主要来自花后群体光合物质生产。其中，全国高产纪录田花后物质生产量占籽粒产量的95.6%，通辽高产纪录田花后物质生产量占籽粒产量的85.6%，因此高产群体要有较高的叶面积和光合能力，并保持较长持绿时间，灌浆充足。全国高产纪录田和通辽高产纪录田成熟期LAI分别为4.2和2.7，田间观察吐丝期穗位以下叶片无枯黄现象，乳熟后期穗位三叶及以上叶片无黄叶，成熟期仍有一定的绿叶面积。两块高产纪录田花后光合时间分别达到81 d和69 d。

（五）群体生物量大

高产研究和文献分析均表明，在不同产量水平下，玉米产量与群体生物量均呈极显著的线性关系，亩产大于1 000 kg时，产量与收获指数关系不大（图2–16），因此，产量的突破取决于群体生物量的增加。全国高产纪录田和通辽高产田收获期的生物量分别达到2 754 kg/亩和1 925.3 kg/亩，光能利用率达到了2.49%和2.39%，较稀植漫灌传统生产方式的对照田生物量分别提高了1 428.9 kg/亩和600.2 kg/亩，光能利用率相应提高了0.84个和0.74个百分点。此外，高产田表现出较高的花后群体干物质生产，全国高产纪录田和通辽高产纪录田花后干物质积累率分别达到57.7%和54.9%，较稀植漫灌传统生产方式（52.9%）分别提高了4.8个和2.0个百分点。

全国玉米高产纪录田和通辽高产纪录田是采用玉米密植高产精准调控技术模式创立的。在合理增加种植密度基础上，通过选用耐密抗倒品种、高质量的单粒精播种子、种子精准包衣、高质量整地与精量播种、滴水出苗、化学调控以及耕层构建等关键技术，提高出苗均匀性和群体整齐度，为提高收获穗数奠定基础；通过水肥一体化精准调控，按玉米需水需肥规律灌水和施肥，在保证一定收获穗数的基础上，提高单穗粒数和千粒重，构建了密植抗倒、整齐度高、叶片功能期长的高质量群体，获得了较高的群体生物量，达到了增密增产增效的目标。

二、密植群体常出现的问题

倒伏、空秆和小穗、早衰等是玉米增密种植后经常会遇到的问题，了解其发生原因，为制定针对性的解决方案和关键技术提供依据。

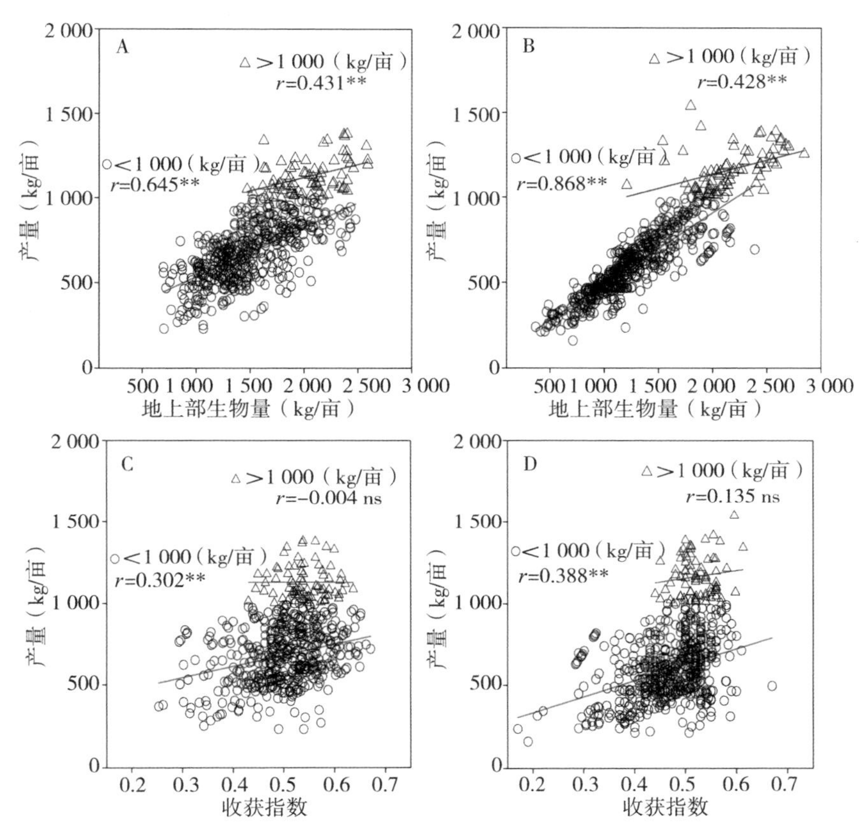

图 2-16 玉米群体产量与生物量、收获指数的关系
（A 和 C 为试验数据；B 和 D 为文献数据）

（一）倒伏

增加种植密度后，茎秆变的瘦弱、细高，根系浅而少，遇风雨天气易发生倒伏（图 2-17）。倒伏包括根倒和茎折，其产生的主要原因包括以下几个方面。

品种自身抗倒伏能力差。不同品种间抗倒伏能力存在显著差异，有的品种在孕穗期不抗倒伏，有的品种在灌浆期不抗倒伏，还有一些品种在生理成熟后不抗倒伏。

种植密度不合理。不同品种均有其最适宜的种植密度，当密度超过其最适密度范围后，易发生倒伏。

耕层浅。根层浅造成根系分布浅、发育差，遇到风雨天气极易造成根倒，然后是茎折。

水肥措施不当。主要是玉米生育前期施肥量大、降水或灌水多，特别是“一炮轰”式的施肥方式，导致地上部生长旺盛，中下部节间细长，根系下扎浅，后期出现早衰，并容易感染茎腐病，抗倒能力差。

病虫害影响。玉米螟钻蛀茎秆后会造成茎折倒伏；茎腐病感染后容易茎折倒伏，其他如大斑病、灰斑病、蚜虫、红蜘蛛为害后造成植株早衰也会造成倒伏。

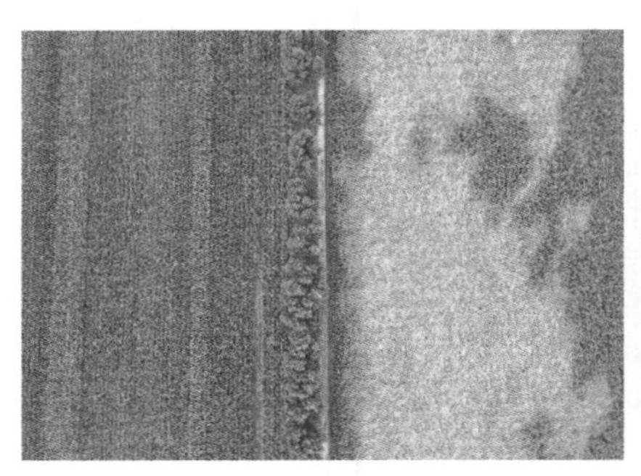

图 2-17　玉米田间倒伏

（二）空秆和大小穗

密植栽培玉米如果出苗时间、生长发育不一致、空间分布不均匀等，都会造成空秆和大小穗（图 2-18）。据调查，相邻植株，相邻植株间，如果叶龄相差 2 片以上，叶龄小的植株单株产量下降 35% ～ 47%。产生的原因主要包括如下几点。

播种过早或过晚。播种过早，土壤温度较低且变幅大，表现为活力高的种子先萌发出苗，活力低的种子晚出苗，形成大小苗群体；播种过晚，虽然出苗时间差异不大，但温度高，土壤散墒快，活力高的种子出苗过程中根系伸长快，地上部生长受表层土壤水分影响小，而活力低的种子出苗后根系长得慢，地上部生长则受表层土壤水分影响较大，进而造成大小苗群体。

种子质量。种子发芽率低，或种子大小、活力高低不一致均会造成群体的不一致，从而产生空秆和大小穗现象。种子发芽率低，造成出苗不齐，苗分布稀的地方果穗大，而分布稠密处就会产生小穗；大小不一致的种子混在一起播种，主要影响种子在空间分布的均匀性，小粒种子多时会出现一穴分布 2 ～ 3 粒种子，产生拥挤现象，而遇大粒种子时又会造成“空穴”现象，拉大株距，由此造成田间株距分布不均匀，拥挤在一起的易空秆或产生小穗；种子活力不一致时首先是出苗不一致，其次是生长速度存在差异，均会造成大小株进而造成大小穗。

图 2-18　整齐度较差的玉米田

病虫草害。当玉米田苗期出现病虫草为害时，由于病虫草害发生并非均匀发生，受害植株生长受到影响，生长变慢，导致缺苗和大小苗现象，蚜虫等病虫为害重时也会造成空秆。

耕地质量不高。耕层浅、质地与养分不均匀、盐碱危害等也容易产生植株生长的不均匀，造成大小株，从而进一步发展为大小穗，生长弱的植株会变成空秆。

整地质量差。整地质量差会造成土壤软硬、干湿不均，土壤板结，坷垃、根茬、秸秆、残膜等均会影响种子吸水萌动的一致性，从而产生大小苗。

播种质量不高。播种深浅不一致、覆土多少不一致、种行镇压轻重不一致等均会造成出苗早晚的不同，出现大小苗现象。调查表明，加快播种作业速度会增大粒距的标准差，播种作业速度在 6.4 ～ 11.3 km/h，当速度高于 6.4 km/h 时，粒距标准差随着播种速度增大呈线性增加趋势，速度每增加 1 km/h，粒距标准差增加 0.4 ～ 0.6 cm，产量降低 5.2 kg/ 亩；同时，也会增大播种深度的不一致性、降低种子与土壤紧密接触的一致性，最终均会增大出苗时间的不一致性。通过对玉米不同播种深度的研究表明，出苗每晚 1 d，产量下降 5.25%。

（三）早衰

玉米密植栽培植株抗性降低，水肥需求量增大，如果不能很好地予以满足，就会发生早衰（图 2–19）。产生的主要原因如下。

中后期脱肥。土壤耕层浅、地力薄，水肥施用不合理，玉米根系发育较差，增密种植后，由于植株间对耕层水分与养分竞争的加剧，导致根衰而后引起地上部衰老。

群体过密。种植密度过高，株行距配置不合理，冠层通风透光变差，中下部叶片枯黄，容易出现早衰现象。

病虫为害。中后期的病虫害如茎腐病、叶部斑病、红蜘蛛等。

图 2–19 早衰的玉米群体（乳熟期）

三、构建密植高产玉米群体

（一）密植抗倒群体

种植密度增加，加剧了植株个体间对光、水、肥等的竞争，玉米抗倒性降低，解决的关键技术如下。

筛选耐密植抗倒品种。品种是群体抗倒的内在因素，筛选和选用耐密抗倒性强的品种是密植高产精准调控技术模式的核心技术之一。可在密植栽培大田生产预

图 2–20　在高密度高压环境下筛选耐密抗倒玉米品种

期密度基础上再增加 1 000 ～ 2 000 株/亩，通过设置高密度高压环境，筛选耐密抗倒品种（图 2–20）。

构建合理的耕层。为形成健康而深广的根系提供土壤基础。

化学调控。在 6 ～ 8 展叶期喷施玉米专用生长调节剂，以控制下部，特别是常发生倒伏倒折的地上 2 ～ 5 节间的长度，增强其强度，降低穗位高，并促进根系下扎，提高植株抗倒性。

水肥精准调控。按照玉米水肥需求规律，通过滴灌水肥一体化技术满足密植高产群体的需求。拔节前蹲苗控水、减氮，防止前期旺长、后期早衰。

病虫害防控。苗期病虫害主要通过品种抗性和种子包衣技术解决，中后期病虫害，通过大喇叭口期至抽雄前以及吐丝后 20 ～ 30 d 施用 1 ～ 2 次长效防病防虫、杀虫杀菌药剂来预防。

安全的密度范围。即便是选用了耐密植品种，其种植密度也应根据品种特性和当地气候、土壤、生产条件和管理水平等进行更为精准地确定，确保在适宜的密度范围内，才能避免倒伏的发生。

（二）高整齐度的群体

高产群体一定是一个高整齐度的群体，而若要群体整齐度高，应从出苗整齐一致抓起，若要出苗整齐一致，首先要提高种子质量，然后是整地质量和播种质量。在出苗整齐一致的基础上，通过水肥精量调控，最终实现整个生长期间群体的高整齐度（图 2–21）。关键技术如下。

图 2–21　高整齐度的玉米群体

选用精品种子。高质量的种子是苗齐、苗全、苗匀、苗壮的基础，种子质量要求至少满足国标《粮食作物种子质量标准—禾谷类》（GB 4404.1—2008）对杂交种玉米单粒播种种子质量的规定，同时，种子应进行分级，大小一致的种子放在一起播种。

种子精准包衣。根据当地苗期病虫害发生情况，选用对目标病虫害有效成分的种衣剂精准包衣；对缺乏有效成分的种衣剂包衣效果不好的种子，应选用针对目标病虫害的种衣剂进行二次包衣，一方面是强化对播种后直到苗期 30 ～ 50 d 内种、苗对地下害虫、土传病害和苗期病虫害的防御能力；另一方面也能显著提高种苗活力和健壮程度，起到苗全、苗壮作用。

提高整地质量和播种质量。高的整地质量是高的播种质量的基础，而高的播种质量又是苗全、苗齐、苗匀、苗壮的基础。

滴水出苗。为确保种子出苗整齐一致，播种后立即接通滴灌进行滴出苗水，根据土壤水分和天气条件来确定适宜的滴水量，这是玉米密植高产精准调控技术模式中确保出苗整齐一致非常重要的一项技术措施。

水肥一体化调控技术。根据玉米生长发育需求，通过水肥一体化施用，精准调控群体的发展，使之朝着高产群体方向发展。

（三）健康不早衰的群体

玉米籽粒产量主要来自花后光合生产，在较高的种植密度下，如何保证吐丝后灌浆过程中叶片、根系不早衰，延长光合时间和灌浆时间，从而最大限度地增加粒数和粒重（图 2–22），关键技术如下。

宽窄行种植，提高密植群体水肥供应的均匀性和通风透光性。在东北地区建议选择 40 cm + 80 cm 宽窄行种植，滴灌带布设在 40 cm 窄行内，以保证水肥能均匀提供给所有植株，使生长均匀一致。

水肥运筹。按玉米水肥需求规律，通过水肥一体化进行水、肥运筹。

根系健康。高质量的群体包括健康的根系及其合理的空间分布。通过结合保护性耕作深松深翻改良土壤结构、持续培肥地力，培育健康的根系。

病虫害综合防控。对玉米螟、黏虫等重要害虫，要在喇叭口期和吐丝期进行防控；叶部病害重的地区和田块可以在吐丝前后喷洒杀菌剂延缓病害发生。

图 2–22 乳熟期和蜡熟期密植高产玉米的群体长相

第四节　玉米密植高产精准调控技术模式实施效果

玉米密植高产精准调控技术模式在东北各地示范推广取得显著的增产增效效果。2020—2021 年在内蒙古自治区通辽市科尔沁区、奈曼旗、科尔沁左翼中旗、扎鲁特旗、通辽市经济技术开发区、内蒙古自治区赤峰市元宝山区、辽宁省沈阳市法库县、吉林省松原市乾安县测产结果（图 2-23）显示，采用密植水肥一体化精准调控技术模式的 173 户平均收获穗数为 5 385 穗 / 亩，平均单产达到 1 064.4 kg/ 亩，96.5% 的农户单产超过 1 000 kg/ 亩；采用常规密度水肥一体化模式的 46 户平均产量达到 900.5 kg/ 亩，收获穗数平均为 3 833 穗 / 亩；而示范田周边采取传统低密度、漫灌种植方式的 21 户平均产量为 689.7 kg/ 亩，收获穗数为 3 608 穗 / 亩。采用密植高产精准调控技术模式农户的产量较低密度水肥一体化和传统低密度漫灌种植农户的亩产分别提高 163.9 kg（18.2%，这部分增产可视为增密增产的效果）和 374.7 kg（54.3%，这部分增产可视为密植技术与水肥一体化措施互作增产的效果），每亩收获穗数分别提高了 1 552 穗（40.5%）和 1 777 穗（49.3%）。而同样低密度条件下，采用水肥一体化技术的农户产量较传统漫灌农户收获穗数增加了 225 穗 / 亩（6.2%），单产提高了 210.8 kg/ 亩（30.6%，这部分可视为水肥一体化技术增产的效果）。此外，玉米产量随收获穗数的增加呈显著增加趋势。

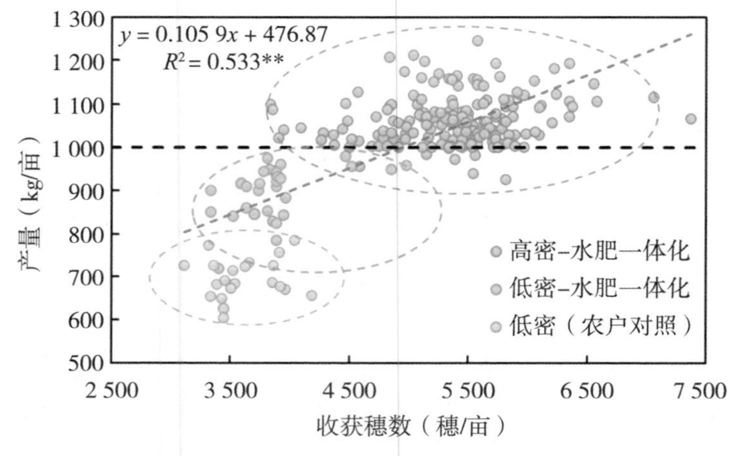

图 2-23　东北春玉米区密植高产精准调控技术模式实施效果

第三章

玉米密植高产精准调控关键技术

第一节　管网铺设

一、管网布置形式

管网布置作为滴灌工程的主体，要求管路要短、效果要好、结构要简单，要便于管理操作，要适应玉米生长需水、需肥要求，保证运行安全。管网铺设要因地制宜，要考虑地块的形状、大小、水源位置、地块坡度，以及气候条件等因素。因此，生产上根据水源的位置和地形条件等因素，管网布置一般有“一”字形、“王”字形、“梳齿”形、“T”字形、“干”字形和“工”字形。“一”字形和“王”字形干管布置形式适用于水源位置位于地块中线一端中央、控制面积较大的滴灌系统。“梳齿”形布置，适用于水源位于地块某一角的滴灌系统。“T”字形和“干”字形适用于水源位于地块中部的滴灌系统。“工”字形适用于水源位于田块中心、控制较大面积的滴灌系统。

二、管网布置方法

东北三省西部地区或蒙东大部分地块规整呈长方形，管网布置常用“王”字形和“一”字形。下面以“王”字形管网布置为例加以介绍。“王”字形布置各级管道应相互垂直，以使管道最短而控制面积最大。分管道垂直于主管道（Φ110 mm、Φ140 mm、Φ160 mm），支管（Φ63 mm、Φ75 mm、Φ90 mm）垂直于分管道（Φ110 mm、Φ140 mm、Φ160 mm），而滴灌带（Φ16 mm）垂直于支管道。面积较小的地块可无分管道，即支管道直接垂直于主管道。在面积较大地块，分管道与主管道通常情况需要地埋（埋深在冻土层以下），滴灌带必须与垄行保持平行，同时尽量对称。支管一般为双行布置，分管道上出水口间距100～120 m，支管长度25～50 m，一般可接20～42条滴灌带，滴灌带与支管交接后双向工作长度100～130 m，单向工作长度宜为50～65 m，末端截断打结。以单井出水量50 m^3/h、控制灌溉面积120亩为例，管网布置为主管道—分管道—支管道—滴灌带，浅埋滴灌工程典型布置详见图3-1。

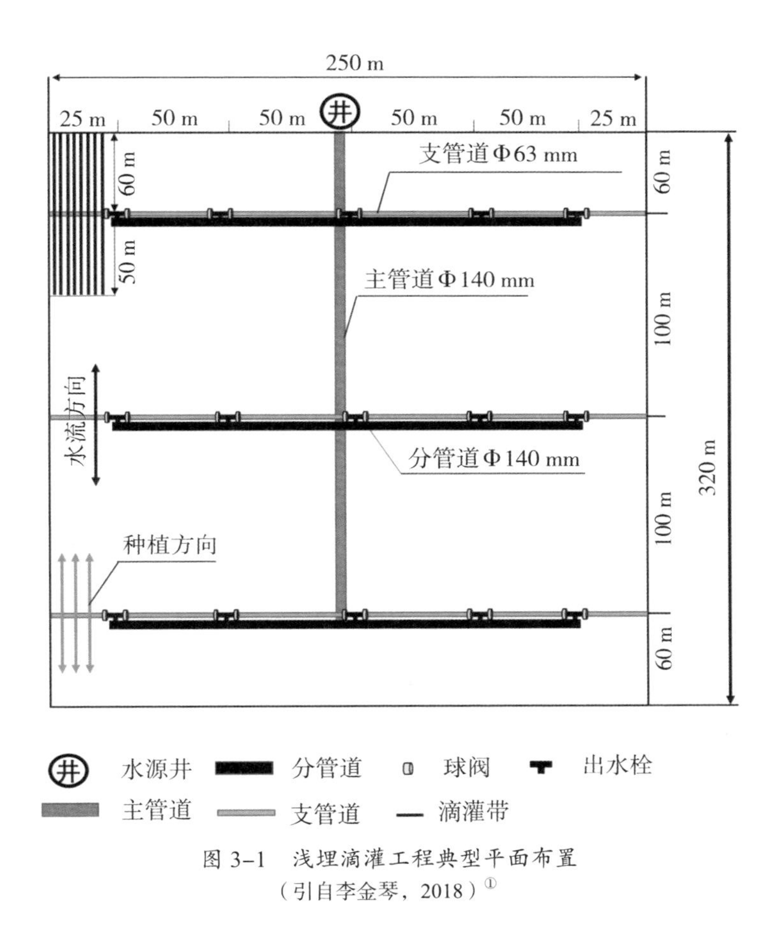

图 3-1 浅埋滴灌工程典型平面布置
（引自李金琴，2018）①

三、轮灌组划分及轮灌方式

滴灌系统普遍采用轮灌运行的工作制度，分为支管轮灌和辅管轮灌两种形式，但以支管轮灌更为普遍，现以支管轮灌介绍轮灌组划分方法及轮灌方式。

支管轮灌划分为不同的轮灌组，各轮灌组单次灌溉面积应尽量相同或相近，以使水泵工作稳定，提高灌溉效率。可根据整块地面积、地形地势、水泵出水量、干支管承载流量、控制阀门数量、干支管打开数量和灌溉周期及田间管理要求确定轮灌组面积，原则是轮灌组内各支管压力流量应平均分配，使系统压力均衡，保证灌水的均匀性，一般在 10 ～ 20 亩为宜。也可通过检测轮灌组毛管首端水压及毛管末端滴水是否正常进行轮灌组划分合理与否的检验。具体方法是在滴灌带首端安装压力表，然后打开最远端出水口（支管）阀门，开启水泵，观察滴

① 李金琴，2018. 通辽地区玉米无膜浅埋滴灌技术手册［M］. 北京：中国农业科学技术出版社 .

灌带末端滴水是否正常，依次开启中间阀门，观察滴灌带首端压力表读数，如果压力在 0.05 ～ 0.25 MPa，且滴灌带末端滴水正常，则该轮灌组划分合理。轮灌顺序可自上而下，也可自下而上进行。

一个滴灌系统，一般把支管划分为若干组，每次开启两条或 3 条支管。例如，水泵出水量为 50 m^3/h，则开启两条支管，设 15 个轮灌组；如果水泵出水量为 63 m^3/h，则开启 3 条支管，设 14 个轮灌组；支管轮灌划分如图 3–2 所示，支管轮灌阀门开启顺序见表 3–1。

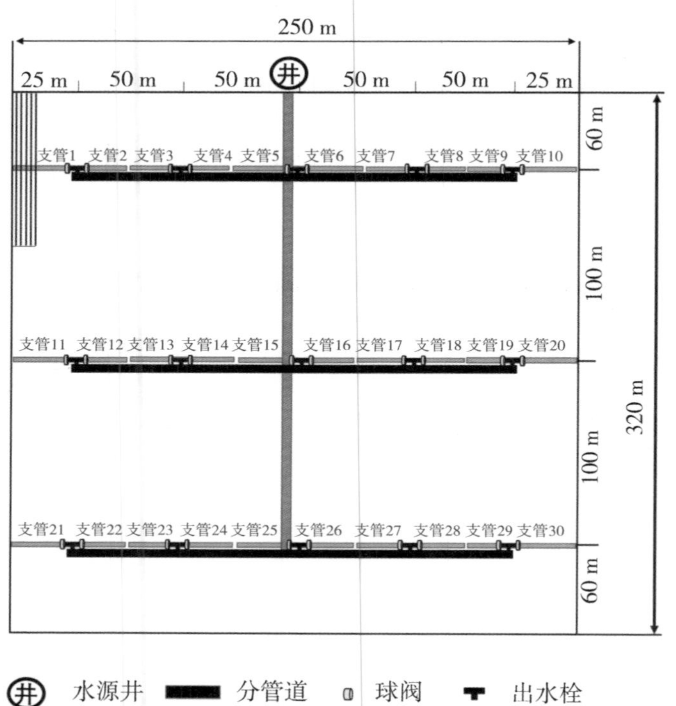

图 3–2　支管轮灌分区（120 亩）
（引自李金琴，2018）

表 3–1　支管轮灌阀门开启顺序

轮灌组号	支管序号	轮灌组号	支管序号	轮灌组号	支管序号
1	1	6	11	11	21
	2		12		22
2	3	7	13	12	23
	4		14		24

续表

轮灌组号	支管序号	轮灌组号	支管序号	轮灌组号	支管序号
3	5	8	15	13	25
	6		16		26
4	7	9	17	14	27
	8		18		28
5	9	10	19	15	29
	10		20		30

注：引自李金琴，2018。

四、原有的低压管灌地埋管道改造为浅埋滴灌管道的要求

在内蒙古通辽和赤峰等区域存在低压管灌地埋管道改造为浅埋滴灌工程的需求，可在原有设施的基础上增加管道和出水栓，管径与原有的管径相同，管材尽量相同。改造后各出水口给水栓两侧需改造为 Φ140–63 或 Φ140–90 接口，以便于连接地面支管。低压管灌溉浅埋滴灌 Φ140–63/90 接口详见图 3–3。输水管道改造完成后需要进行压力检测，承压需达到 0.4 MPa，具体方法是关上单井控制的所有出水栓，出水压力达到 0.4 MPa 时打开最末端出水栓，如果出水栓正常出水，说明原有压力管道满足要求。地埋干管和分干管应选择塑料管材，有 PP、PE 和 PVC 3 种，管材的压力根据系统所需头水的大小确定。地面支管和滴灌带选择 PE 管。

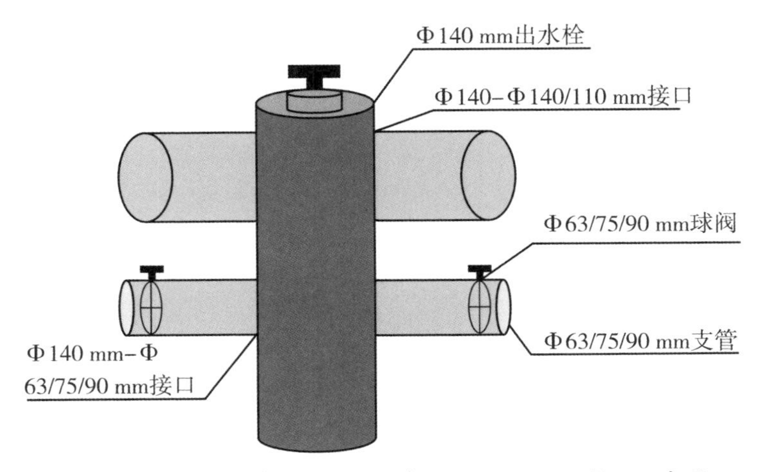

图 3–3 低压管灌管道改浅埋滴灌 Φ140–63/75/90 接口示意图

第二节　品种选择

品种是实现高产的内在因素，选择耐密抗倒丰产综合性状表现优异的品种是密植栽培能否取得成功的关键一环。

一、品种选择的原则

（一）选择通过审定的品种

选择覆盖所在区域国家或省区审定的耐密抗倒品种，注意品种的适应性、丰产性、品质、抗性（抗病、抗虫、抗逆）、适合机械化收获等综合性状的选择。

（二）选择生育期合适的品种

选择生育期合适的品种，尽量避免光热资源浪费和成熟度不足等情况的发生。人工或机械穗收的品种收获时要能完熟（乳线消失、黑层出现）；机械直接收粒地块应选熟期偏早品种，生理成熟至收获期应预留籽粒站秆脱水所需积温 100 ～ 200 ℃·d，此外，机械籽粒直收品种应抗玉米螟、茎腐病和穗腐病，防止田间站秆籽粒脱水期间发生倒伏和倒折。

（三）选择优质种子

目前玉米播种均采用单粒精量播种技术，因此选用精品种子，注意查看种子的 4 项指标（纯度、芽率、净度、水分）是否符合国家单粒播种标准，玉米单粒播种国家标准为：纯度≥ 97%、芽率≥ 93%、净度≥ 99%、水分不高于 13%。

（四）注意品种搭配

一般一个产区优化组合 3 ～ 4 个品种，包括主栽品种、搭配品种和苗头品种或不同熟期品种，提高抵御自然灾害和病虫害的能力，实现高产稳产。青贮玉米、糯玉米、甜玉米为延长采收期，可以选用不同熟期品种搭配种植（如中晚熟为主搭配晚熟和中熟）。

（五）因地选种

水肥条件好、采取滴灌水肥一体化的地区或地块，可选耐密高产品种；根据当地气候特点和病虫害流行情况，尽量避开可能存在缺陷的品种；优选在当地已种植并表现优良的品种。

二、品种筛选

2019—2021 年在通辽市科尔沁区、科尔沁左翼中旗、奈曼旗、经济技术开发区、赤峰市元宝山区、辽宁省沈阳市法库县等多个种植区、多种生态、土壤类型下，采用密植高产精准调控技术模式种植和管理，开展耐密抗倒、高产、抗逆、宜机械粒收玉米品种筛选试验（图 3–4，图 3–5），合计收集种植了 151 个品种，种植密度为 5 500 ～ 6 500 株 / 亩，结果产量变幅为 700 ～ 1 250 kg/ 亩，其中，筛选出 10 个在多点综合性状表现较为稳定、适合在通辽及附近区域种植的玉米品种（表 3–2），以供参考。今后新的品种审定与引进，将持续在密植高产精准调控技术模式下开展品种筛选与鉴定，然后进行推广种植。

图 3–4　品种筛选田块布置

图 3–5　适合玉米密植高产精准调控技术模式玉米品种筛选

表 3–2　适合通辽及其附近区域玉米密植高产精准调控技术模式品种

品种名称	选育单位	审定编号
DK159	中种国际种子有限公司	吉审玉 2015020
TK601	通辽市农业科学研究院、 北京市农林科学院玉米研究中心	国审玉 20200193
C3288	中国种子集团有限公司	国审玉 20186056

续表

品种名称	选育单位	审定编号
MC812	北京顺鑫农科种业科技有限公司	国审玉 20200156
华美一号	恒基利马格兰种业有限公司	吉审玉 2016063
S8006	中种国际种子有限公司	蒙审玉 2020008
MC121	北京市农林科学院玉米研究中心	国审玉 20180070
S2869	中种国际种子有限公司	国审玉 20180234
隆平 259	安徽隆平高科种业有限公司	国审玉 20176022
天育 108	吉林云天化农业发展有限公司	吉审玉 20170052

第三节　整地及其技术要求

深厚肥沃的土壤是玉米密植栽培增产增效的基础。东北玉米区长期采用垄作方式，小型农机具进行旋耕和浅耕作业，导致土壤耕层逐渐变浅，以及小型农机具反复碾压及大水漫灌加剧了下层土壤沉积压实，形成了既不透水也不透气的犁底层，且犁底层呈上升、增厚趋势。秸秆还田比例较低，特别在西部农牧交错区，土壤养分供应主要依靠化肥补充，导致土壤侵蚀严重、黑土层变薄，土壤生产能力下降。构建合理的耕层是玉米密植高产精准调控技术模式的关键环节。

一、耕层构建

据国家玉米产业技术体系调查，东北春玉米区的平均耕层深度仅有 15.1 cm，为全国玉米产区最浅。由于坚硬厚实的犁底层，严重阻碍了玉米根系下扎，使根系主要集中在 15 ～ 18 cm 的耕层内。根系分布浅对玉米密植高产栽培带来两方面的问题，一是当出现大雨大风天气时，玉米很容易产生根倒伏，尤其当种植密度增加时，根倒伏的风险会增大；二是土壤深层的水和养分难以吸收利用，玉米容易出现早衰，致使水肥资源利用率降低、抗逆减灾能力和产出能力变弱，制约了玉米的高产稳产和耕地可持续利用。因此，必须通过深松或深翻打破犁底层，重新构建合理的耕层。

合理耕层构建是指通过机械化改造农田土壤剖面不良性状，构建合理的土壤剖面结构，协调土壤水、肥、气、热关系，改进土壤固、液、气三相比例，使土壤水、肥、气、热及微生物的关系相互协调、更有利于玉米生长，为密植栽培提供土壤基础。

二、翻耕与深松

高质量的农机作业对于提高出苗整齐度、抗倒伏与抗逆能力、构建高质量的群体非常重要。提高整地质量是提高播种质量的基础，而高的整地质量又由翻耕质量决定。从合理耕层构建角度，可通过深翻和深松作业打破犁底层。无论采用深松或深翻，无须年年进行，2 ～ 3 年进行一次即可。

（一）深翻

深翻的好处除了能够打破犁底层、构建合理耕层外，还能减少玉米收获过程中落粒造成的第二年自生苗的影响。要提高翻耕质量，对于秸秆量比较大的田块，应先用灭茬机灭茬后，再用重耙把切碎的秸秆与表土混合，沉降 3 ～ 5 d 后再进行翻耕，秸秆的翻埋效果和翻耕质量均有较大幅度提高（图 3–6）。

东北区域有秋季、也有春季翻耕或旋耕，均要求耕后土壤平整，耕深均匀一致，翻耕时要求安装小副犁，以提高翻扣杂草和作物茎秆的效果，翻耕深度不低于 30 cm，根茬和秸秆翻埋严密，无漏耕、不起泥条、不拉沟（图 3–7，图 3–8）。

图 3–6　重型耙切地，先进行秸秆与表层土壤的混合

图 3–7　用带有副犁的翻转犁深翻

图 3–8　用带有副犁的翻转犁深翻，翻耕深度不低于 30 cm

（二）深松

在秸秆处理后，进行深松，深度不低于 35 cm。深松是通过深松机疏松土壤而不翻转土壤，通过全方位的深松作业，打破犁底层，加深耕作层，增加土壤的透气性和透水性。在春季进行，还有增温放寒作用，能起到抗旱耐涝、抗倒、防早衰的效果（图 3-9）。

图 3-9　深松机械与田间作业

三、整地技术与质量要求

整地要求适墒整地。对于春翻地块，土质偏砂性的，翻耕后晾晒半天就可整地，翻地与整地的间隔最好不要超过 1 d。如果是壤土或重壤土质，翻耕后晾晒 1 ～ 2 d 后再进行整地，翻地与整地的间隔不宜超过 2 d。整地常用农机具有旋耕机、驱动耙和联合整地机。

翻耕后地块的整地建议用联合整地机进行整地，采用对角耙地方式，切碎土垡，压实土壤，消除垄沟，平整地表，做到不重、不漏。达到“齐、平、松、碎、净、墒”六字标准，整好的地块土壤上虚下实，虚土厚度不超过 5 cm（图 3-10，图 3-11）。

旋耕机整地

驱动耙整地

联合整地机整地

图 3-10　不同整地机械作业

机械整地后的大平小不平（播幅内的水平差和播幅间的水平差）会造成播种深度不一致，为消除这一影响，整过的地需要再平一次，常用的平土设备有平土杠、平土框和平土托子。整地要求：耙深 12 ～ 15 cm，每平方米内大于 5 cm 的土坷垃少于 3 个，播幅水平差小于 3 cm（图 3-12）。

黏土整地前

黏土用联合整地机作业后

砂土用联合整地机作业后

驱动耙整地前后

图 3-11　整地前后对比

用于平整地块的拖子

用平土杠平地

图 3-12　平土设备及作业

耕整地作业质量是由整地机械及农机手作业水平决定的。因此，对农机手作业技术的培训和作业质量的检查是提高耕整地质量的关键。

四、保护性耕作

保护性耕作包括 4 项主要技术内容，一是实行少耕或免耕，少耕包括深松和表土耕作，以不破坏耕层土壤结构为目的，深松增加深层土壤的降水渗入率，表土耕作控制地面杂草；二是地表覆盖，以作物秸秆盖土、根茬固土，减少休耕期内的土壤风蚀、水蚀和水分无效蒸发，蓄留降雨，秸秆和残茬腐烂后还能提高土壤有机质含量，培肥地力；三是免耕播种，在有植被或秸秆覆盖的地表实施清茬、开沟、播种、施肥、覆土、镇压等复合式作业，减少机械作业次数、减轻土壤压实；四是免耕除草，改翻耕为表土作业或喷洒化学除草剂控制杂草。国内外大量研究与实践证明，保护性耕作能够改善土壤结构特性，有利于土壤水气交换，增加土壤有机碳含量和养分含量，提高土壤微生物数量和活性，为作物生长发育提供肥力基础。

目前东北春玉米区的保护性耕作主要有秸秆覆盖免耕、条带耕作和秸秆粉碎混埋等方式（图 3–13）。其中，秸秆覆盖免耕在积温较好、降雨中等和偏少地区与年份保水、增产效果显著；但在积温不足、土壤黏性重、降水量大和排水不良的地区与田块呈减产趋势；秸秆覆盖后春季地温偏低，一般要推迟播种 7 ～ 10 d；条带耕作是在播前将秸秆归拢于宽行，可以减轻秸秆覆盖对地温和土壤湿度的影响；秸秆粉碎混埋需要大型综合整地机，适合于规模化种植地块。采用玉米密植高产精准调控种植技术模式时可将秸秆覆盖在宽行，窄行铺设滴灌带（图 3–14）。

免耕

条带耕作

秸秆粉碎混埋

图 3–13　东北玉米保护性耕作主要方式

图 3–14　玉米密植高产精准调控种植秸秆覆盖（大庆杜尔伯特，2021）

东北春玉米区区域辽阔，各地热量、降水资源、土壤类型、生产水平等差异较大，实施保护性耕作时，秸秆覆盖、免耕、条带耕作、秸秆粉碎混埋的耕作方式应用需结合当地的气候、土壤类型、秸秆生物量等进行调整，连续免耕地块也应注意进行深松或深翻作业，减轻土壤压实。东北西部风沙较大，土壤风蚀严重，坡地水蚀严重，秸秆覆盖免耕种植将会成为这些地区和地块未来的主体耕作模式。

第四节 播种及其技术要求

增密种植后，提高群体的整齐度是降低小穗、空秆率，保证成熟一致的关键。据观测，在播种密度 4 942 ～ 5 930 粒 / 亩条件下，对同一田块内苗龄相差 7 d 的单株标记，晚出的玉米单穗重降低 7% ～ 100%，平均 49%；播种株距小于 6 cm 的比均匀株距的单穗重降低 3% ～ 56%，平均 19%，且种植密度越大，这种影响也越大。因此，提高整地播种质量，实现一播全苗、匀苗是解决出苗不一致和大小苗的关键，除了构建合理耕层、提高整地质量外，还需要从以下方面入手。

一、种子处理与精准包衣

对种子进行分级和精准包衣处理有助于提高下种精确度和保苗率。为确保播种时下籽粒距更均匀、单粒精播，减少双粒率及空穴率，建议播种前按种子大小对种子进行分级，大小均匀一致的种子放在一起播种；经过大小分级后的种子，进行 1 ～ 2 d 的晒种，以提高种子活力和发芽率；然后进行种子的精准包衣。精准包衣是根据当地苗期常见病虫害种类选用包括针对性杀虫、杀菌剂成分的种衣剂，从而有效防控出苗阶段与苗期病虫害，确保密植栽培群体整齐度的重要环节。对于金针虫、蛴螬、地老虎等地下害虫，建议选用含有吡虫啉、氟虫腈或溴氰虫酰胺等成分的种衣剂，针对土传病害，选用含咯菌腈和精甲霜灵以及苯醚甲环唑等杀菌剂；而在玉米线虫矮化病发生重的区域，要选用含丁硫克百威或硫双威等对线虫有效的农药。拜尔的“高巧”种衣剂主要杀虫成分是吡虫啉，先正达的“锐胜 · 满适金”中的主要杀虫剂是噻虫嗪，均为内吸杀虫剂。满适金中主要是杀菌剂，包括咯菌腈和精甲霜灵。含有这些杀虫剂和杀菌剂的种衣剂对地下害虫有很好的防效且防虫持续期较长，可达 30 ～ 40 d，对苗期的蓟马及蚜虫等害虫以及土传病害也有较好防效，同时还有促根壮苗作用。需要进行二次包衣后的种子应充分晾干。

二、导航播种，适时播种，提高播种质量

播种应选用带卫星导航辅助驾驶功能的动力机械和单粒精量播种机，能一次完成施肥、播种、铺滴灌带、覆土、镇压作业。图 3–15 为改装后的马斯奇奥播种机，增加了铺设滴灌带的组件。导航播种可以保证行距一致，有利于群体通风

透光，提高机械作业精准度及效率，减少机械作业的漏播损失（图 3–16）。

图 3–15　一次完成施肥、播种、铺滴灌带作业的播种机

图 3–16　导航播种作业

三、种植密度与株行距配置

在东北补充灌溉区具有浅埋滴灌条件的推荐种植密度 5 500 ～ 6 500 株 / 亩，无灌溉条件的雨养地区推荐 4 500 ～ 5 500 株 / 亩，早熟品种适当增加种植密度。土壤肥力低、生产条件差的地块，推荐选择品种适宜种植密度的下限值；土壤中上等肥力、生产条件好的地块，选择品种适宜种植密度的上限值。在全程机械化作业过程中，为避免由于整地质量、种子质量、播种质量、机械损伤、病虫害伤苗造成的密度不足，可以在推荐种植密度基础上再增加 5% ～ 10% 的播种量。

中晚熟品种或土质较黏重的地块可采用 80 cm + 40 cm 宽窄行，平均行距 60 cm；早熟品种或砂性大的地块可选用 70 cm + 40 cm 宽窄行，平均行距 55 cm。另外，选用何种行距也应考虑收获时收获机具的行距，种植行距应尽可能与收获机行距匹配，有利于提高收获作业效率和质量。株距依据种植密度和行距确定。滴灌带铺在 40 cm 的窄行内，并覆土 3 ～ 5 cm 浅埋。播种作业质量要求：播种深度均匀一致、播深 4 ～ 5 cm、下粒均匀、镇压紧实。播种的单粒率在 95% 以上，空穴率低于 1%，粒距合格指数不低于 90%。

四、播种期的确定

玉米品种耐低温发芽的（一般种子偏角质型）可在 5 cm 地温稳定通过 10℃时播种，如果是偏粉质类型的种子，需当 5 cm 地温稳定在 12℃以上时播种较为稳妥。

五、种肥

播种时需施用一定量的种肥做启动肥。可每亩施用磷酸二铵 5 kg、硫酸钾

3 kg 和硫酸锌 0.5 ～ 1 kg，充分混合均匀，施在种子侧下方 7 ～ 8 cm 深处（距离种子 5 cm 处）。其余肥料需要在玉米生长过程中随水滴施。

第五节 滴水出苗

滴水出苗是密植高产精准调控技术模式的重要环节。播种结束时要及时滴出苗水，保证种子发芽速率均匀，出苗时间一致，苗全，苗齐，提高保苗率和群体整齐度，避免密植栽培下空秆和小穗的产生。播种结束当天及时安装主管、支管及连接毛管（滴灌带）等滴灌系统部件，试水正常后即可进行滴水作业（图 3–17）。滴水量根据土壤水分状况和天气条件确定，一般土壤干燥的田块，每亩滴水 25 ～ 30 m^3；土壤湿润的田块，每亩滴 10 ～ 15 m^3 水，滴灌带两侧 25 ～ 30 cm 湿润即可（图 3–18）。如遇极端低温天气，应避免低温滴水，可适当延迟，否则容易造成粉种、烂种现象，导致缺苗。滴水出苗效果见图 3–19 所示。

图 3–17 玉米播种后及时滴水

图 3–18 滴出苗水时灌溉湿润带

图 3–19 滴出苗水玉米的出苗效果

第六节　杂草防除

玉米田中的杂草种类繁多，东北春播玉米田以稗草、藜科、蓼科、苋科、鸭跖草、苘麻、苍耳等为主（图 3-20），近年来多年生杂草危害加重。杂草不仅与玉米争夺生存资源，还是病虫隐蔽的场所，有利于病虫害的发生。玉米苗期受杂草为害时植株矮小，秆细叶黄，导致中后期生长不良，减产严重。据测算，我国玉米田草害面积占播种面积的 90% 左右，玉米每年因草害减产 2 亿～ 3 亿 kg，严重影响玉米产量和品质。

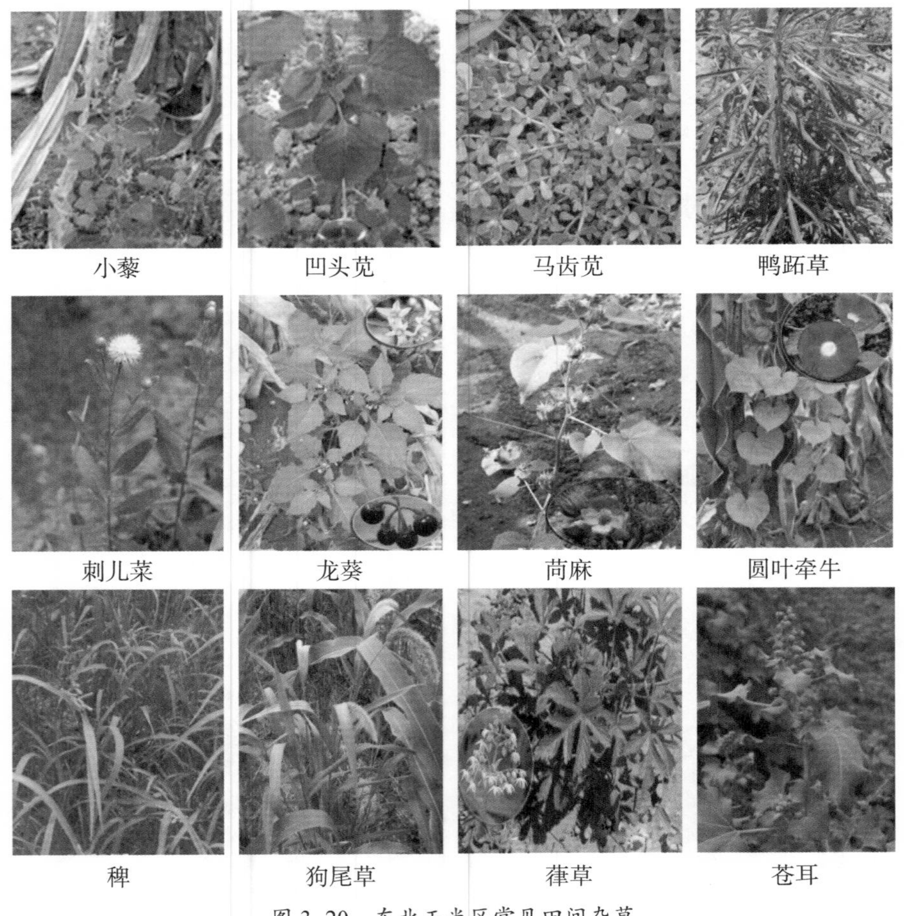

小藜　凹头苋　马齿苋　鸭跖草

刺儿菜　龙葵　苘麻　圆叶牵牛

稗　狗尾草　葎草　苍耳

图 3-20　东北玉米区常见田间杂草

（一）玉米田杂草防除策略

以农业防除为基础、化学除草为主要手段进行综合治理。

农业防除：通过合理轮作、深翻耕作等技术除草。在草荒严重的农田和荒地，通过深耕，将表层杂草种子深埋土壤中，将大量根状块茎杂草翻到地面，改变杂草生长的生态环境，防除一年生杂草和多年生杂草。在苗期进行 1 ～ 2 次中耕，可消灭行内部分杂草，同时提高耕层地温，促进根系发育。

化学防除：利用除草剂代替人力或机械消灭杂草。除草剂种类繁多，性能特点各异，使用过程中应依据药剂性能、杂草种类与发生期、玉米生育期、土壤墒情、玉米品种和气象条件等，选择和确定适合的除草剂及用量（图 3–21）。

苗前化学除草

苗后化学除草（1）

苗后化学除草（2）

中耕除草

图 3–21　玉米田化学除草与机械中耕除草

（二）化学防除技术

播后苗前化学除草。在玉米播种后杂草出苗前，用内吸性除草剂灭杀已出苗的宿根性杂草；玉米播种后出苗前，杂草正处于萌发盛期，对药剂反应敏感、抗性差，除草效果好。在土壤较湿润时，喷施封闭除草剂精异丙甲草胺、异丙甲草胺、乙草胺、莠去津等，保持土壤表面湿润有利于药效发挥。

苗后化学除草。玉米苗前土壤处理效果不好或未处理田块，在玉米 3 ～ 5 叶期喷洒苗后除草剂，可使用烟嘧磺隆、砜嘧磺隆等磺酰脲类除草剂、莠去津、硝磺草酮等药剂混合用药，同时防除禾本科杂草和阔叶杂草，部分地区莎草较大可加入 2 甲 4 氯二甲胺盐、2 甲 4 氯钠盐、氯吡嘧磺隆等；在玉米 5 ～ 7 叶期可选用"硝磺草酮＋烟嘧磺隆＋莠去津"、"硝磺草酮＋莠去津"、硝磺草酮、苯唑草酮等进行茎叶喷雾。

（三）除草剂药害及补救

一般情况下，苗前除草剂的安全性较高，较少产生药害；苗后除草剂使用不当容易出现药害。产生药害的原因包括误用除草剂、不在安全期内用药、盲目加大施药量、高温炎热时施药、药剂混配不当、与有机磷农药施用间隔过短，以及品种敏感等。除草剂药害轻者延缓植株生长、形成弱苗，重者生长点受损，心叶腐烂、不能正常结实，给玉米生产造成严重损失。应仔细阅读所购除草剂的使用说明书，严禁随意增加或减少用药量（表 3–3）。除草剂对后茬作物的药害也应引起注意，例如玉米田过量使用莠去津会造成后茬播种的大豆、瓜类、蔬菜等药害，影响种植结构调整。

表 3–3　除草剂药害症状

酰胺类	有机磷类	三氮苯类	二硝基苯胺
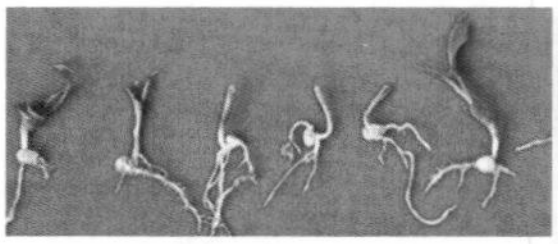  乙草胺药害	 草甘膦	 扑草净药害（右为对照）	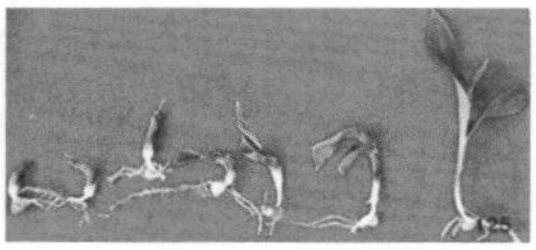 二甲戊乐灵药害（右为对照）
苯氧羧酸	**磺酰脲类**	**杂环化合物**	**腈类**
 2, 4–D	  烟嘧磺隆	 甲基磺草酮  异恶草松	 溴苯腈

续表

吡啶类	二苯醚类	三酮类
	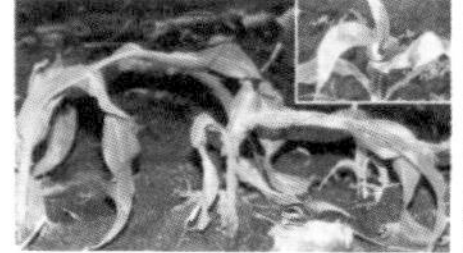	
氯氟吡氧乙酸	氟磺胺草醚	硝磺草酮

除草剂轻微药害，应加强水肥管理，足量浇水，促进玉米生长，降低体内药物的相对浓度；追施速效化肥，促进作物迅速生长，提高植株自身抵抗药害的能力；也可喷施植物生长调节剂，如芸苔素内酯，促进玉米生长，减轻药害。如果药害不严重，加强管理后，玉米可以恢复正常生长；如果玉米心叶已经腐烂坏死，或者生长停滞，需补种或毁种。喷施过其他除草剂的药桶，应及时清洗；如果发现除草剂误用，应立即停止施药，更换药桶，并灌装清水喷雾冲洗受害部位。

第七节　化控防倒

在高密度种植条件下，玉米群体大，容易出现倒伏，喷施玉米专用生长调节剂，有效控制植株高度、增粗茎节，提高玉米抗倒伏能力，构建抗倒高质量群体，在密植高产精准调控技术体系中应作为常规技术应用。

一、化学调控

化学调控是指应用植物生长调节物质改变植物内源激素系统、调节作物生长发育，从而提高作物抗逆能力和生产力、改善农产品品质。生产上应用的植物生长调节剂主要是植物激素类似物（包括吲哚化合物、萘化合物和苯酚化合物，赤霉素、激动素、6–苄氨基嘌呤、脱落酸以及乙烯类）、植物生长延缓剂［包括矮壮素、多效唑、比久（B9）、缩节胺等］和植物生长抑制剂（包括青鲜素、三碘苯甲酸、整形素等）等三类或者其复配物质，作用主要表现在促进根系生长，延缓衰老，提高光合作用和产量；协调器官间生长关系，矮化增粗茎秆、降低株高和穗位高，塑造合理的群体结构；以及提高对逆境的适应性、增强抗逆能力等几个方面。

目前市场上化控产品种类多，商品名更为繁杂。玉米专用生长调节剂主要产品有玉米健壮素、羟基乙烯利、金得乐、玉黄金、吨田宝、密高等，不同产品的有效成分差别大，使用不当还会造成缩穗减产，选购时应仔细阅读产品说明书，选择合适的产品并按照使用说明施用。

二、化控对玉米形态特征以及抗倒伏性能的影响

2019 年在通辽市钱家店镇试点测试化控对玉米抗倒伏能力的影响，供试品种为 DK159，种植密度为 3 000 株 / 亩和 8 000 株 / 亩，8 展叶喷施胺鲜乙烯利 25 mL/ 亩，结果由图 3–22 所示，在 3 000 株 / 亩低密度条件下，化控处理较对照株高降低 46.7 cm（降幅 14.9%），穗位高降低 32.3 cm（26.8%），吐丝后 15 d 测定的重心高度降低 27.3 cm（25%），茎秆抗折断力升高 10.8 N，增幅 31.6%；在 8 000 株 / 亩高密度条件下，化控处理的株高、穗位高和重心高度分别降低 15 cm（5%）、26.8 cm（18.9%）和 19.3 cm（16.4%），茎秆抗折断力升高了 6.8 N，增幅 53.1%。

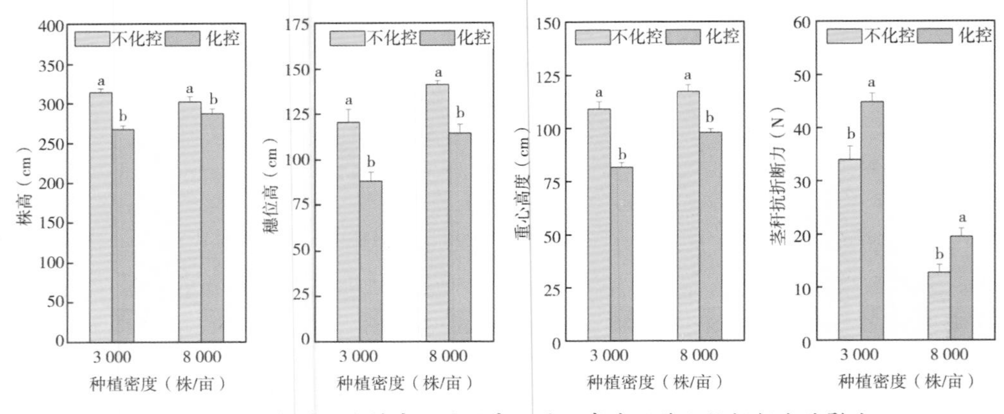

图 3–22　化控对玉米株高、穗位高、重心高度及茎秆抗折断力的影响

2021 年在通辽奈曼旗试点，供试品种为东单 1778，喷施胺鲜乙烯利 25 mL/ 亩，结果如图 3–23 所示，在 6 展叶和 8 展叶期喷施，均降低了地上基部第 1 ～ 4 节间的长度，其中降幅最大的是第 3 节间，为 3.2 ～ 3.6 cm，第 5 节间基本无影响。在 8 展叶和 10 展叶进行 2 次化控处理的玉米节间数目减少 1 个，地表基部第 1 ～ 12 节间长度均缩短，其中降幅最大的是第 5 节间，为 10.4 cm，其次为第 6 节间，为 5.3 cm。

总之，在玉米 6 ～ 8 展叶喷施玉米生长调节剂可以有效降低穗下基部节间的长度，从而降低穗位高度和重心高度、增强基部节间机械强度，两者共同作用提高了玉米抗倒伏能力。

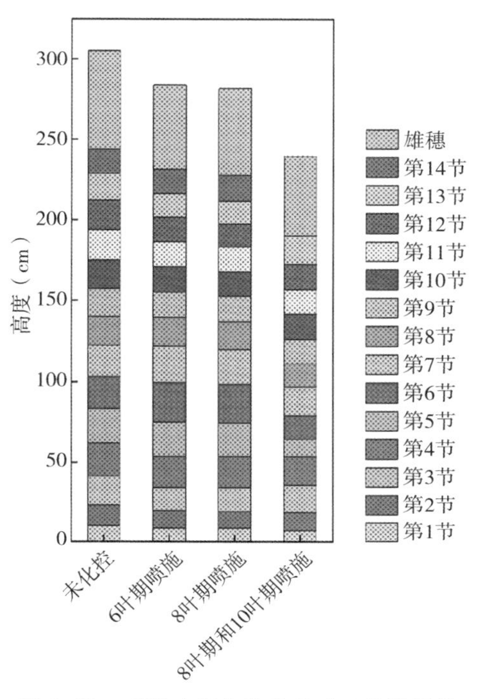

图 3-23 不同时期化控处理对玉米节间长度的影响

三、化控防倒技术

（一）喷药时期

依据说明书在最适喷药时期喷施。过早或过晚用药都会减低对群体冠层的调控效果。一般选择在 6 ～ 8 展叶喷施，对基部节间的控制效果最好（图 3-24，图 3-25）。

（二）试剂配置

浓度过小效果不明显，浓度过大会产生药害。药液要随用随配，一般不能与其他农药和化肥混用。

图 3-24 6 ～ 8 展叶喷施玉米生长调节剂控制基部节间

图 3-25 化控与不化控玉米株高比较

（三）喷洒方法

均匀喷洒，不重不漏。喷药后 6 h 内如遇雨淋，可在雨后酌情减量增喷一次（图 3-26）。

需要注意的是，在使用化控剂后，有时会出现玉米心叶叶色变淡现象，一般 5 ～ 7 d 就能返绿（图 3–27）。

图 3–26　喷施玉米生长调节剂

图 3–27　化控后玉米植株心叶色变淡现象

第八节　需水规律和精准灌溉

水是生命之源。农谚道“有收没收在于水，收多收少在于肥”。由于受半干旱季风气候影响，降雨不足、季节性分布不匀、降水分布与玉米的需水规律往往不能吻合，是制约东北玉米高产稳产的重要自然因素。科学合理的灌溉是有效增加玉米种植密度、实施密植高产精准调控技术模式、实现节水增粮的关键。不同的灌溉方式影响玉米产量和水分生产效率，采取水肥一体化技术可以有效提高玉米产量和水肥生产效率。

一、玉米的需水规律

（一）密植高产玉米群体需水规律

灌溉制度主要由灌溉量和灌溉间隔时间决定，而灌溉制度的制定必须依据玉米的需水规律。在通辽市钱家店镇试点研究密植高产玉米群体的需水规律，结果如图 3–28 和表 3–4 所示，供试品种为 DK159，种植密度为 4 000 株 / 亩和 6 000 株 / 亩，产量水平分别为 937.9 kg/ 亩和 1 130.0 kg/ 亩。由图 3–28 和表 3–4 可见，密植高产与稀植玉米群体的日耗水强度整体均呈先升高后降低的趋势。播种至大喇叭口期持续时间较长，玉米拔节之前植株较小，耗水主要以土壤棵间蒸发为主，拔节以后生态耗水逐渐减少，转变为以蒸腾耗水为主。大喇叭口期至吐丝期玉米进入耗水量较大的时期，主要以蒸腾耗水为主。吐丝期至乳熟期，玉米进入水分敏感期，持续时间相对较短，但日耗水强度在整个生育期达到最大，是玉米需水的关键时期。其中，密植群体（6 000 株 / 亩）此阶段耗水占全生育期耗水的 21.0%，平均日耗水强度达到 7.75 mm，而稀植（4 000 株 / 亩）群体此阶段耗水占全生育期耗水的 21.7%，平均日耗水强度为 6.43 mm。乳熟期至蜡熟期，玉米处于籽粒灌浆阶段，需要消耗大量的水分和养分，日耗水强度相对较高。进入蜡熟期后，玉米处于籽粒灌浆中后期，生育时期相对较长，阶段耗水量仍然较大。

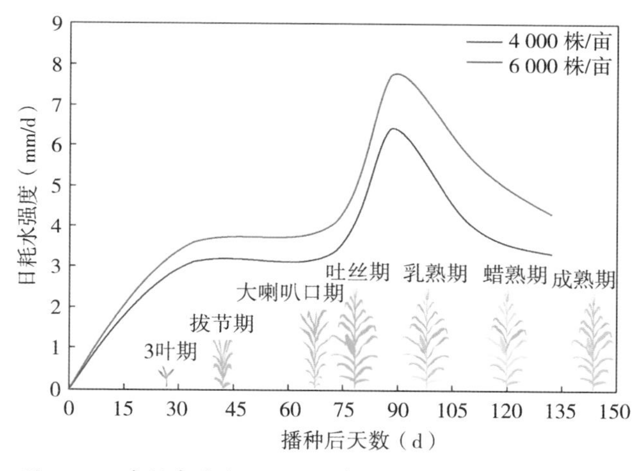

图 3–28 密植高产水肥一体化条件下玉米群体的需水规律

在密植高产精准调控技术模式实施中，应按玉米需水规律，结合降雨情况，在耗水较大的阶段及时滴水，避免造成水分胁迫，进而对玉米生长造成不利的影响。

表 3–4 玉米各生育阶段日耗水强度以及耗水量的占比

生育阶段	天数	稀植水肥一体化（4 000 株 / 亩）		密植高产水肥一体化（6 000 株 / 亩）	
		日耗水量（mm）	耗水比例（%）	日耗水量（mm）	耗水比例（%）
播种至大喇叭口期	68	3.11	40.8	3.59	37.9
大喇叭口期至吐丝期	11	3.39	8.9	4.11	8.7
吐丝期至乳熟期	18	6.43	21.7	7.75	21.0
乳熟期至蜡熟期	21	4.22	14.2	5.90	16.0
蜡熟期至成熟期	25	3.33	14.4	4.33	16.3

（二）不同土壤质地地块玉米的耗水特性

在玉米生长期降水量 330 ～ 350 mm 的补充灌溉区，研究不同土壤质地玉米耗水特性，供试品种为 DK159，种植密度为 6 000 株 / 亩，结合当季降水量，分 6 次灌溉施肥，结果粉砂质壤土田块生育季需要补充灌水 180 m^3/ 亩，而砂土地需要补充灌水 240 m^3/ 亩，产量可以达到最高，分别为 1 130.0 kg/ 亩和 1 131.2 kg/ 亩（表 3–5）。

表 3–5　不同土质地块灌溉量对玉米产量和水分利用效率的影响

地点	土壤类型	灌溉量（m^3/ 亩）	产量（kg/ 亩）	灌溉水利用效率（kg/m^3）
通辽钱家店镇	粉砂质壤土	30*	561.3d	18.71a
		60	866.1c	14.44b
		120	992.5b	8.27c
		180	1 130.0a	6.28d
		240	1 139.7a	4.75e
		300	1 132.1a	3.77f
通辽辽河镇	砂土	30*	723.6e	24.12a
		60	827.1d	13.79b
		120	937.7c	7.81c
		180	1 058.5b	5.88d
		240	1 131.2a	4.71e
		300	1 140.0a	3.80f

注：* 表示仅灌出苗水 30 m^3/ 亩，后期无灌溉，下同。

图 3–29 为两种土壤类型条件下不同灌溉量处理玉米的日耗水强度变化。由图可见，玉米的日耗水强度随着生育期的推进呈单峰曲线变化，峰值随灌溉量的增大而增大。其中，在粉砂质壤土地块玉米在播种后第 90 天耗水强度达到最大，而砂土地块在第 75 天达到最大，峰值提前。在粉砂质壤土田块，每亩灌溉量 30 m^3、60 m^3、120 m^3、180 m^3、240 m^3 和 300 m^3 的处理在达到峰值时日耗水强度分别为 3.76 mm/d、4.13 mm/d、5.91 mm/d、6.34 mm/d、6.87 mm/d 和 8.36 mm/d；而在砂土地块，达到峰值时日耗水强度分别为 6.0 mm/d、6.54 mm/d、7.53 mm/d、7.62 mm/d、7.74 mm/d 和 8.04 mm/d。

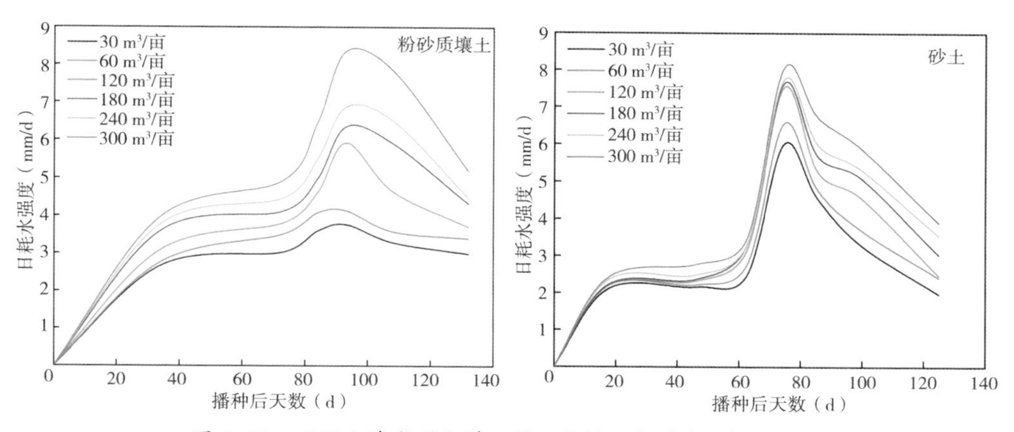

图 3-29 不同土壤类型和灌溉量下密植玉米群体日耗水强度

对 0 ～ 60 cm 土层土壤含水率（图 3-30）测试，保水性较好的粉砂质壤土地块土壤含水率较砂土地块高，其中，在粉砂质壤土田块，每亩 30 m^3、60 m^3、120 m^3、180 m^3、240 m^3、300 m^3 灌溉量处理的平均土壤含水率分别为 22.7%、25.6%、27.8%、29.2%、30.5% 和 31.6%，而砂土田块各灌溉处理的平均土壤含水率分别为 18.2%、19.5%、20.4%、22.7%、25.2% 和 26.7%。

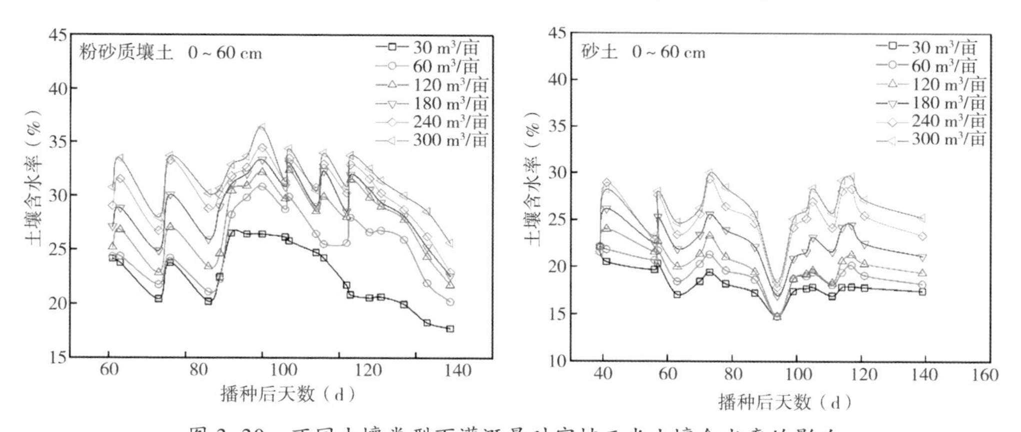

图 3-30 不同土壤类型下灌溉量对密植玉米土壤含水率的影响

二、灌溉方式对玉米产量和水分生产效率的影响

以 DK159 为材料，在通辽钱家店镇试点开展漫灌、沟灌和滴灌对比试验，种植密度分别为 4 000 株 / 亩和 6 000 株 / 亩，结果（图 3-31）表明，在 4 000 株 / 亩传统生产密度下，滴灌处理的产量比沟灌和漫灌分别高出 14.8% 和 25.9%；在 6 000 株 / 亩高密度种植下，滴灌处理的产量比沟灌和漫灌分别高出

11.85% 和 21.16%。在 3 种灌溉方式下，6 000 株 / 亩密度处理的产量和水分生产效率均显著高于 4 000 株 / 亩。因此，在相同灌溉量条件下，密植农艺措施和滴灌工程节水技术相结合，通过增加种植密度、滴灌水肥一体，可以显著提高玉米的产量与水分生产效率。

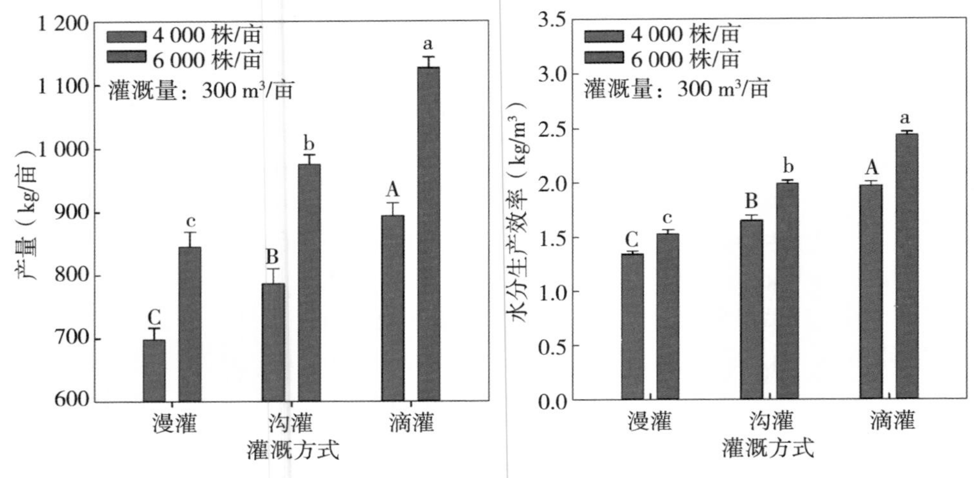

图 3-31　不同灌溉方式和种植密度对玉米产量与水分生产效率的影响

在 4 000 株 / 亩种植密度下，滴灌玉米的株高比沟灌和漫灌分别高出 2.7% 和 10.0%；滴灌处理吐丝期叶面积指数（LAI）比沟灌和漫灌分别高 5.1% 和 6.4%，成熟期分别高 6.9% 和 13.1%。在 6 000 株 / 亩种植密度下，滴灌玉米的株高比沟灌和漫灌分别高 3.8% 和 10.4%，吐丝期滴灌 LAI 比沟灌和漫灌分别高 6.2% 和 9.2%，成熟期分别高出 12.0% 和 12.5%（表 3-6）。

表 3-6　灌溉方式和种植密度对玉米株高和叶面积指数的影响

种植密度（株 / 亩）	灌溉方式	株高（cm）	穗位（cm）	穗位系数（%）	叶面积指数	
					吐丝期	成熟期
4 000	滴灌	312.6a	126.5a	40.9a	4.31a	2.93a
	沟灌	304.3b	121.3b	38.8b	4.10b	2.74b
	漫灌	284.2c	110.8c	36.7c	4.05c	2.59c
6 000	滴灌	326.0a	132.7a	40.7a	6.17a	3.78a
	沟灌	314.1b	125.1b	39.8b	5.81b	3.55b
	漫灌	295.2c	118.5c	39.0c	5.65c	3.36c

图 3–32 为吐丝期灌溉方式和种植密度对玉米冠层光截获率的影响。6 000 株 / 亩玉米群体穗位层的光截获率较 4 000 株 / 亩处理高 4.33 个百分点，底层高 6.79 个百分点。滴灌方式穗位层的光截获率较沟灌和漫灌分别提高了 5.32 个和 10.11 个百分点，底层光截获率分别提高了 6.2 个和 11.5 个百分点。在滴灌条件下，6 000 株 / 亩底层光截获量达到 96.6%，穗位层达到了 88.4%，较 4 000 株 / 亩分别提高了 5.9 个和 4.3 个百分点。滴灌 6 000 株 / 亩群体底层和穗位层光截获率较漫灌 6 000 株 / 亩分别高出 10.8 个和 9.9 个百分点，较漫灌 4 000 株 / 亩分别高出 17.1 个和 14.6 个百分点。综上，增加种植密度结合滴灌水肥一体化技术有效地提高了玉米群体的冠层光截获，有利于获得高的产量。

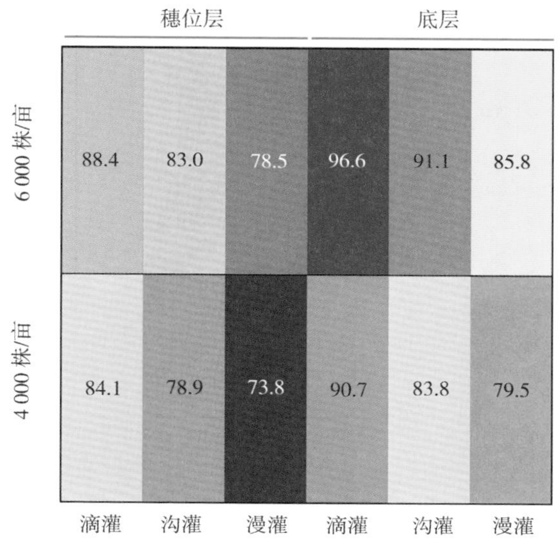

图 3–32 种植密度和灌溉方式对玉米冠层光截获率（%）的影响

三、优化灌溉量对密植高产玉米产量和水分生产效率的影响

在浅埋滴灌水肥一体化条件下，以 DK159 和 ZD958 为试验材料，在通辽钱家店镇试点设置每亩 4 000 株和 6 000 株 2 个种植密度，结果（图 3–33）表明，种植密度 6 000 株 / 亩的产量平均比 4 000 株 / 亩的提高了 15.3%。在每亩 6 000 株高密度种植条件下，结合降雨最佳灌溉量为 180 m^3/ 亩，DK159 产量为 1 160 kg/ 亩，水分生产效率为 2.82 kg/m^3；ZD958 产量为 1 067 kg/ 亩，水分生产效率为 2.61 kg/m^3。在 6 000 株 / 亩高密度下，灌溉量超过 180 m^3/ 亩，产量不再增加，而水分生产效率显著降低。在每亩 4 000 株密度条件下，结合降雨最佳灌溉量为 120 m^3/ 亩，DK159 产量为 928 kg/ 亩，水分生产效率为 2.74 kg/m^3；郑单 958 产量为 878 kg/ 亩，水分生产效率为 2.64 kg/m^3。在 4 000 株 / 亩低密度下，灌溉量超过 120 m^3/ 亩，产量不再增加，而水分生产效率显著降低。水分生产效率均随灌溉量的增加呈线性下降趋势，但增加种植密度可显著提高玉米的产量和水分生产效率，通过适宜的灌溉可以在保证玉米产量的同时实现节约灌溉用水，达到节水增产的目的。

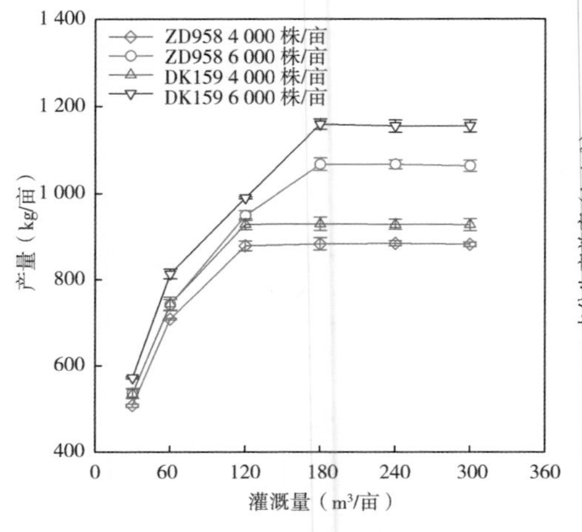

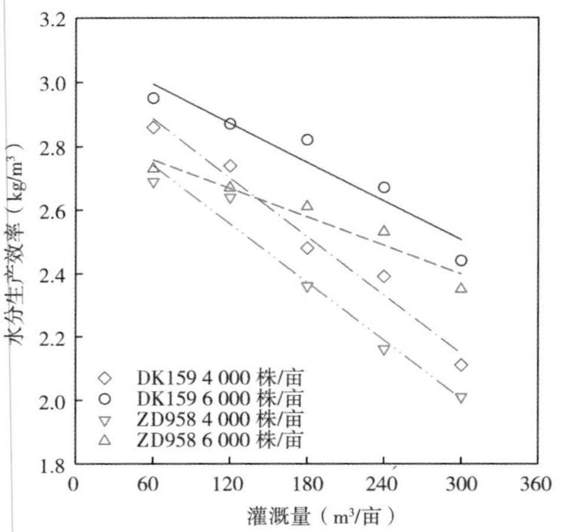

图 3-33　不同灌溉量对密植栽培玉米产量和水分生产效率的影响

玉米根系干重随灌溉量的增加呈增加趋势（表 3-7）。在 4 000 株 / 亩种植密度下，每亩 180 m^3 灌量的根系干重较每亩 30 m^3、60 m^3 和 120 m^3 的分别提高了 31.4% ～ 38.8%、18.1% ～ 26.7% 和 9.5% ～ 12.2%；在 6 000 株 / 亩种植密度下，每亩 240 m^3 灌量的根系干重较每亩 30 m^3、60 m^3、120 m^3 和 180 m^3 的分别提高了 58.9% ～ 88.1%、41.6% ～ 57.6%、25.4% ～ 34.4% 和 13.2% ～ 13.9%。根冠比可以反映光合产物在植株体内的分配状况。在吐丝期，根冠比随着灌溉量的增加而增加；而在成熟期不同灌溉量的根冠比差异较小。在吐丝期，4 000 株 / 亩种植密度下，每亩 180 m^3 灌量的根冠比较每亩 30 m^3、60 m^3、120 m^3 的分别提高了 9.3%、6.6%、3.6%；在 6 000 株 / 亩种植密度下，每亩 240 m^3 灌量的根冠比较每亩 30 m^3、60 m^3、120 m^3、180m^3 的分别提高了 33.0%、25.4%、17.9%、5.7%。在成熟期，在 4 000 株 / 亩种植密度下，每亩 180 m^3 灌量的根冠比较每亩 30 m^3、60 m^3、120 m^3 的分别降低了 6.3%、4.3%、1.8%；在 6 000 株 / 亩种植密度下，每亩 240 m^3 灌量的根冠比较每亩 30 m^3、60 m^3、120 m^3、180 m^3 的分别降低了 4.5%、3.9%、3.4%、1.2%。

表 3-7　种植密度和灌溉量对玉米根系及根冠比的影响

种植密度（株 / 亩）	灌溉量（m^3/ 亩）	吐丝期		成熟期	
		根干重	根冠比	根干重	根冠比
4 000	30	12.5d	0.108 5d	7.6d	0.034 0a
	60	13.9c	0.111 3c	8.3c	0.033 3a
	120	15.0b	0.114 5b	9.4bc	0.032 4b

续表

种植密度（株 / 亩）	灌溉量（m^3/ 亩）	吐丝期		成熟期	
		根干重	根冠比	根干重	根冠比
4 000	180	16.4b	0.118 6a	10.5b	0.031 8c
	240	17.4a	0.120 8a	11.2a	0.031 5c
	300	17.9a	0.123 4a	11.6a	0.031 4c
6 000	30	6.6e	0.076 6d	5.6d	0.036 2a
	60	7.9d	0.081 2cd	6.3c	0.036 0a
	120	9.2c	0.086 4c	7.1b	0.035 8a
	180	11.0b	0.096 3b	7.8b	0.035 0b
	240	12.4ab	0.101 8a	8.9a	0.034 6c
	300	13.3a	0.109 1a	9.6a	0.034 5c

玉米粒重积累呈慢—快—慢“S”形曲线（图 3–34），符合 Logistic 方程（表 3–8）。在 4 000 株 / 亩种植密度下，每亩 180 m^3 灌量的粒重较 60 m^3、120 m^3 的分别提高了 6.2% 和 2.8%；平均灌浆速率分别提高了 4.4% 和 1.6%。在 6 000 株 / 亩密度下，每亩 240 m^3 灌溉量的粒重较 60 m^3、120 m^3 和 180 m^3 的分别提高了 6.7%、4.2% 和 2.3%，平均灌浆速率提高了 4.4%、3.1% 和 1.4%。

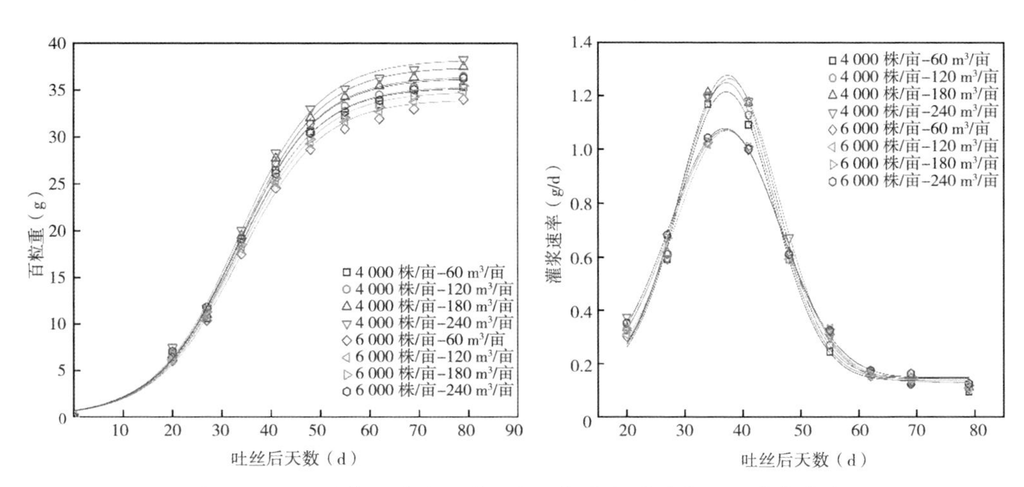

图 3–34 不同灌溉量处理的玉米百粒重积累动态以及灌浆速率

玉米籽粒灌浆速率呈单峰曲线变化（图 3–34）。在 4 000 株 / 亩种植密度下于授粉后第 32 天至第 33 天灌浆速率达到最大值，在 6 000 株 / 亩种植密度下为第 33 天至第 34 天。在 4 000 株 / 亩种植密度下，每亩 180 m^3 灌量的处理活跃灌浆天数较 60 m^3 和 120 m^3 的分别延长了 0.48 d 和 0.39 d，最大灌浆速率值分别提高了 5.5% 和 2.3%。在 6 000 株 / 亩种植密度下，每亩 240 m^3 灌溉量的处理活跃灌浆天数较 60 m^3、120 m^3、180 m^3 的分别延长了 2.56 d、1.67 d 和 1.01 d，籽粒灌浆速率最大值分别提高了 6.7%、4.2% 和 2.3%。

表 3–8　不同灌溉量处理玉米百粒重积累拟合方程

种植密度（株 / 亩）	灌溉量（m^3/ 亩）	拟合方程	R 值
4 000	60	$W60 = 34.701\,21/(1+65.97667e^{-0.128\,33t})$	$R^2= 0.997^{**}$
	120	$W120 = 35.771\,23/(1+66.33903e^{-0.128\,09t})$	$R^2= 0.997^{**}$
	180	$W180 = 36.604\,53/(1+65.99803e^{-0.127\,04t})$	$R^2= 0.997^{**}$
	240	$W240 = 37.801\,95/(1+56.48385e^{-0.123\,09t})$	$R^2= 0.997^{**}$
6 000	60	$W60 = 33.447\,02/(1+55.11981e^{-0.120\,91t})$	$R^2= 0.998^{**}$
	120	$W120 = 34.241\,57/(1+52.23668e^{-0.118\,79t})$	$R^2= 0.998^{**}$
	180	$W180 = 34.870\,95/(1+47.13386e^{-0.117\,26t})$	$R^2= 0.998^{**}$
	240	$W240 = 35.666\,11/(1+43.14664e^{-0.114\,98t})$	$R^2= 0.998^{**}$

四、蹲苗有助于促进根系发育、控制基部节间长度，提高玉米抗逆能力

在玉米滴出苗水至正式滴头水期间有 40 ～ 50 d 的“蹲苗”时间。蹲苗主要是通过控制苗期水肥供应来抑制玉米幼苗茎叶徒长、促进根系发育，其作用在于“锻炼”幼苗，促使植株生长健壮，缩短基部节间，提高后期抗逆、抗倒伏能力，并增强根系活力和吸收养分、水分的能力，协调玉米营养生长与生殖生长，是密植栽培防止倒伏构建高质量群体的重要一环。蹲苗时间一般在玉米出苗后至拔节期进行，期间进行 2 ～ 3 次中耕，以提高土壤的通透性能。蹲苗需要注意：蹲湿不蹲干、蹲肥不蹲瘦、蹲黑不蹲黄。

五、灌溉方案

在东北补充灌溉区，采取浅埋滴灌水肥一体化模式灌溉，有效降水量达到 300 mm 以上、保水保肥较好的地块，种植密度 4 000 株 / 亩玉米全生育期总灌水量 120 ～ 150 m^3/ 亩，滴灌 6 ～ 7 次；而在保水保肥较差的地块，全生育期总灌水 150 ～ 180 m^3/ 亩，滴灌 7 ～ 8 次。6 000 株 / 亩高密度种植的玉米，在保水保

肥好的地块全生育期总灌水量 180 ～ 220 m^3/ 亩，滴灌 7 ～ 8 次；在保水保肥差的地块，全生育期总需灌水 200 ～ 240 m^3/ 亩，滴灌 8 ～ 9 次。降水量在 200 mm 左右的地区，整个生育期灌水 200 ～ 240 m^3/ 亩，滴灌 8 ～ 9 次。按照玉米需水规律，采用少量多次的方式，勤滴少滴，确保玉米在生育期无水分胁迫，并重点要保障大喇叭口期、开花吐丝期、籽粒建成期及灌浆中后期玉米对水分的需求。

以内蒙古通辽密植（6 000 株 / 亩）高产玉米为例，具体滴灌时间及其灌溉量建议如下。

滴出苗水。出苗水可以有效地提高玉米出苗率和群体整齐度。在播完种后要及时连接管网和滴灌带，即刻滴出苗水。滴水量根据土壤墒情和天气情况确定。干燥的地块建议滴水 25 ～ 30 m^3/ 亩；比较湿润的地块滴水 10 ～ 15 m^3/ 亩，滴水原则是保证土壤表层湿润度一致。

生育期滴水。在玉米苗期注意水肥控制并进行“蹲苗锻炼”，在玉米 7 ～ 8 展叶（播种后 50 d 左右）开始第一次滴水，此时玉米需水量较小，一般滴水量 20 ～ 25 m^3/ 亩。第二次滴水，壤土田块间隔 12 d 左右，滴水 20 ～ 25 m^3/ 亩，而砂质土壤田块间隔 10 d 左右，滴水 25 ～ 30 m^3/ 亩。第三次滴水，壤土田块间隔 10 d 左右，滴水 25 ～ 30 m^3/ 亩，而砂质土壤田块间隔 8 d 左右，滴水 25 ～ 30 m^3/ 亩。第四次滴水，壤土田块间隔 10 d 左右，滴水 25 ～ 30 m^3/ 亩，而砂质土壤田块间隔 8 d 左右，滴水 30 ～ 35 m^3/ 亩。第五次滴水，壤土田块间隔 10 d 左右，滴水 25 ～ 30 m^3/ 亩，而砂质土壤田块间隔 8 d 左右，滴水 30 ～ 35 m^3/ 亩。第六次滴水，壤土田块间隔 12 d 左右，滴水 20 ～ 25 m^3/ 亩，而砂质土壤田块间隔 10 d 左右，滴水 30 ～ 35 m^3/ 亩。第七次滴水，壤土田块间隔 12 d 左右，滴水 20 ～ 25 m^3/ 亩；而砂质土壤田块间隔 10 d 左右，滴水 20 ～ 25 m^3/ 亩。第八次滴水，砂质土壤田块间隔 10 d 左右，滴水 10 ～ 15 m^3/ 亩。砂质土壤田块，保水保肥能力较差，过量灌溉容易产生渗漏损失。

第九节　需肥规律与肥料运筹

玉米施肥的增产效果取决于土壤肥力水平、产量目标、品种特性、种植密度、生态环境及肥料种类、配比与施肥方式等。玉米对氮、磷、钾的吸收总量随产量水平的提高而增多。在多数情况下，玉米一生中吸收的主要养分，以氮为最多，钾次之，磷最少。我国各地配方施肥参数研究表明，化肥当季利用率为氮 30% ～ 35%、磷 10% ～ 20%、钾 40% ～ 50%。现代农业生产中应遵循“以产定肥，科学施肥”。施肥决策需要遵循玉米的施肥方式与需肥规律。

一、滴灌施肥

在滴灌水肥一体化条件下，通过滴灌系统将肥料水溶液及各种大量或微量元素随水输送到作物的根系附近，供作物高效吸收和利用，可有效提高肥料的利用效率。那么，什么样的肥料适合滴灌水肥一体化的生产模式呢？顾名思义，水溶性肥料均可用于滴灌水肥一体化。水溶性肥料是指完全、迅速溶于水的大量元素单质水溶性肥料（尿素、氯化钾等）、水溶性复合肥料（磷酸一铵、磷酸二铵、硝酸钾、磷酸二氢钾等）、农业农村部发布的行业标准规定的水溶性肥料（大、中、微量元素水溶肥料、含氨基酸水溶肥料、含腐植酸水溶肥料）和有机水溶肥料等。在生产中水肥一体化肥料选用时，水溶性只是基本特征，此外还需要注意：一是肥料兼容性问题，避免肥料在混合施入时相互作用；二是需要考虑肥料养分含量问题，宜选择养分含量高、杂质低、溶解度高、腐蚀性小和流动性好的肥料，避免堵塞或腐蚀灌溉系统；三是滴灌系统水中的肥料总浓度要控制在5%以下；四是需要考虑肥料溶解时水体温度变化，多数肥料溶解时通常伴随热反应，例如，尿素溶解时会吸收热量，而磷酸溶解时会放出热量。因此应科学安排肥料溶解顺序，避免温度过低施肥发生盐析作用；五是要根据玉米的需肥规律来进行科学合理的滴灌施肥。

二、密植高产玉米的氮素吸收规律

（一）密植高产玉米群体氮素积累特点

在通辽钱家店镇试点密植高产精准调控技术模式下研究玉米氮素积累规律，供试品种为DK159，种植密度为6 000株/亩，总施氮量为18 kg/亩，采取滴灌分次施肥，产量水平达到1 056.2 kg/亩。其中，图3–35为玉米植株氮素积累规律，图3–36为玉米生育期内各器官含氮量占整株含氮量比例，表3–9为不同生育阶段玉米植株氮素日积累量和积累比例，以传统高产田为对照。由图3–35、图3–36和表3–9可知，随着生育进程推进，玉米对氮素的积累量逐渐增大，呈双峰曲线变化，两个峰值分别出现在大喇叭口期至吐丝期（吐丝前第13天）和乳熟期（吐丝后第27天）。

出苗至3叶期：积累的氮素仅占全生育期的0.3%，主要集中在叶片和叶鞘中，此阶段持续时间较长，积累速率为全生育期最慢，日平均积累速率仅为0.005 kg/（亩·d）。

3叶期至拔节（6叶期）：积累的氮素占全生育期的7.9%，主要集中在叶片和叶鞘中，此阶段氮素积累速率逐渐加快，日平均积累速率为0.114 kg/（亩·d）。

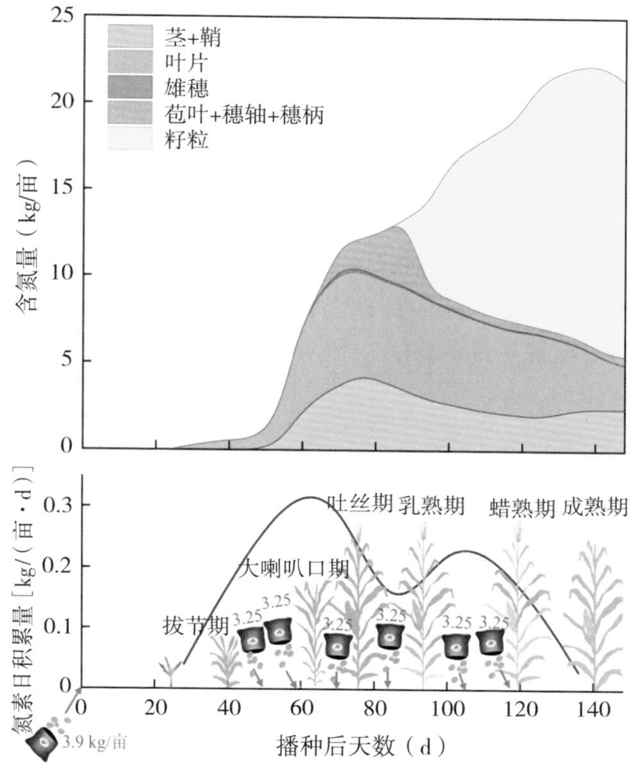

图 3-35　密植高产玉米植株氮素积累规律

6 叶期至大喇叭口期（12 叶期）：积累的氮素占全生育期的 30.5%，是氮素积累最多的时期，主要集中在茎、叶、鞘中，其中叶片的氮素积累量最多，但是由于茎、鞘中氮素的快速积累，分配到叶片中的氮素比例呈逐渐降低趋势，而茎、鞘中的氮素比例在此阶段达到最高，占全株氮素积累量的 34%。此阶段氮素日积累量呈迅速增加趋势，在播种后第 63 天（12 叶期）达到最大，为 0.31 kg/（亩·d），此阶段的日平均积累速率为 0.275 kg/（亩·d）。

大喇叭口期至吐丝期：氮素积累量占全生育期的 16.0%，主要集中在叶片、茎秆和穗部营养器官（穗轴、穗柄和苞叶），叶片的氮素积累量在播种后第 72 天达到最大，然后开始逐渐降低；此阶段是茎秆氮素快速积累期，也是茎秆氮素占全株氮素比例最高的阶段，茎秆氮素积累量在播种后第 76 天（吐丝期）达到最大；同时，也是穗部营养器官氮素积累的起始期。此阶段是玉米生育期氮素日平均积累速率最高的时期，为 0.289 kg/（亩·d）。

吐丝期至乳熟期：氮素积累量占全生育期 13.3%，氮素日积累量呈先降低后升高的趋势，在播种后第 86 天（吐丝后第 10 天）达到两个峰值之间的低谷，此阶段氮素平均积累速率为 0.161 kg/（亩·d）。

乳熟期至蜡熟期：氮素积累量占全生育期 20.3%，积累速率先上升，后下降，在播种后第 103 天达到第二个高峰值，为 0.23 kg/（亩·d），日平均氮积累速率为 0.183 kg/（亩·d）。

蜡熟期至成熟期：氮素积累量占全生育期 11.6%，氮素积累速率逐渐降低，但仍有吸收，日平均积累速率为 0.115 kg/（亩·d）。

综上，密植高产滴灌水肥一体化条件下玉米出苗至吐丝、吐丝至成熟期的氮素积累量分别占总积累量的 54.8% 和 45.2%，平均日积累速率分别为 0.188 和 0.155 kg/（亩·d）。

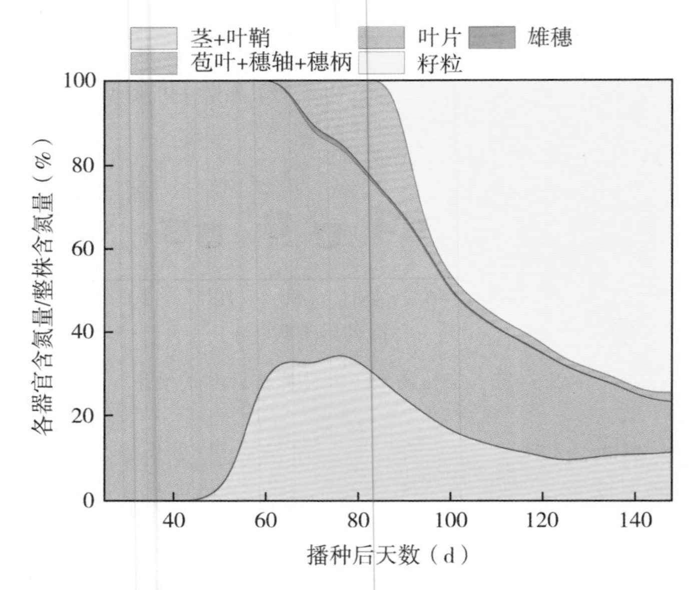

图 3-36　密植高产玉米生育期内各器官含氮量占整株含氮量的比例

表 3-9　不同生育阶段玉米植株氮素日积累量和累积比例

生育阶段	密植高产水肥一体化			分次施肥高产田*		
	天数	氮素日积累量 [kg/（亩·d）]	氮素积累比例（%）	天数	氮素日积累量 [kg/（亩·d）]	氮素积累比例（%）
出苗至 3 叶期	12	0.005	0.3	18	0.007	0.7
3 叶期至 6 叶期	15	0.114	7.9	17	0.155	13.2
6 叶期至大喇叭口期	24	0.275	30.5	25	0.316	39.7

续表

生育阶段	密植高产水肥一体化			分次施肥高产田[*]		
	天数	氮素日积累量 [kg/（亩·d）]	氮素积累比例（%）	天数	氮素日积累量 [kg/（亩·d）]	氮素积累比例（%）
大喇叭口期至吐丝期	12	0.289	16.0	12	0.237	14.2
吐丝期至乳熟期	18	0.161	13.3	14	0.173	12.2
乳熟期至蜡熟期	24	0.183	20.3	30	0.099	14.8
蜡熟期至成熟期	22	0.115	11.6	16	0.065	5.2
吐丝前	63	0.188	54.8	72	0.188	67.8
吐丝后	64	0.153	45.2	60	0.107	32.2

注：*根据张鹰等（2014）文献整理。

吉林桦甸常规分次施肥高产田玉米氮素吸收规律见图 3–37。玉米品种为先玉 335，种植密度为 5 666 株 / 亩，总施氮量为 20 kg/ 亩，分 3 次施入，产量为 803.7 kg/ 亩，表 3–9 为不同生育阶段玉米植株氮素积累比例。出苗至 3 叶期、3 叶期至拔节期、拔节期至大喇叭口期、大喇叭口期至吐丝期、吐丝期至乳熟期、乳熟期至蜡熟期、蜡熟期至成熟期的氮素积累比例分别为 0.7%、13.2%、39.7%、14.2%、12.2%、14.8% 和 5.2%，出苗至吐丝期、吐丝至成熟期的氮素积累量分别占总积累量的 67.8% 和 37.2%。氮素积累速率在 6 叶期至大喇叭口期达到最大，均值为 0.316 kg/（亩·d），最大值出现在播种后 68 d，氮素吸收呈单峰曲线（图 3–37，表 3–9）。

吉林梨树氮肥一次性基施玉米氮素吸收规律见图 3–38。供试玉米品种为良玉 11，种植密度为 4 667 株 / 亩，总施氮量为 16 kg/ 亩，全部氮肥作为底肥一次性施入，产量为 626.3 kg/ 亩。一次性氮肥基施处理后的玉米氮素日积累量也呈单峰曲线变化，氮素积累速率最大的阶段出现在 12 展叶至抽雄期，为 0.242 kg/（亩·d），而抽雄至乳熟、乳熟至成熟期的日平均氮素积累速率分别为 0.03 kg/（亩·d）和 0.011 kg/（亩·d）。出苗至吐丝期，吐丝至成熟期的氮素积累量分别占积累量的 91.6% 和 8.4%。

对比上述 3 种施肥方式的产量和氮素积累规律可知，密植栽培水肥一体化氮肥分次施用的产量最高，吐丝前后氮肥吸收量分别占全生育期的 54.8% 和 45.2%，氮肥吸收速率呈双峰曲线，第一次吸氮高峰在叶片快速展开期，乳熟期出现第二次吸氮高峰。常规施肥方式高产田氮肥分施的吐丝前、后氮肥吸收量分别占全生育期的 67.8% 和 32.2%，氮素吸收速率仅在吐丝之前的叶片快速展开期出现了一次吸氮高峰；目前生产中普遍采用的一次性氮肥基施（“一炮轰”）的处

25
20
15
10
5
0
含氮量（kg/亩）
茎+鞘
叶片
苞叶+穗轴+穗柄
籽粒
0.3
0.2
0.1
0
氮素日积累量［kg/（亩·d）］
吐丝期
乳熟期
蜡熟期
成熟期
大喇叭口期
拔节期
6kg/亩
0
20
40
60
80
100
120
140
播种后天数（d）

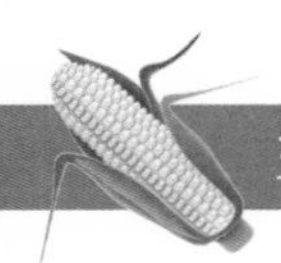

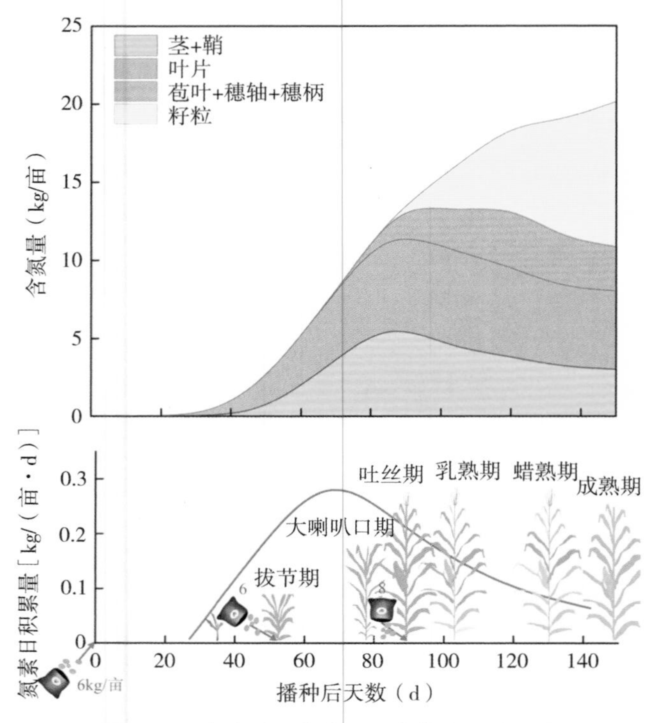

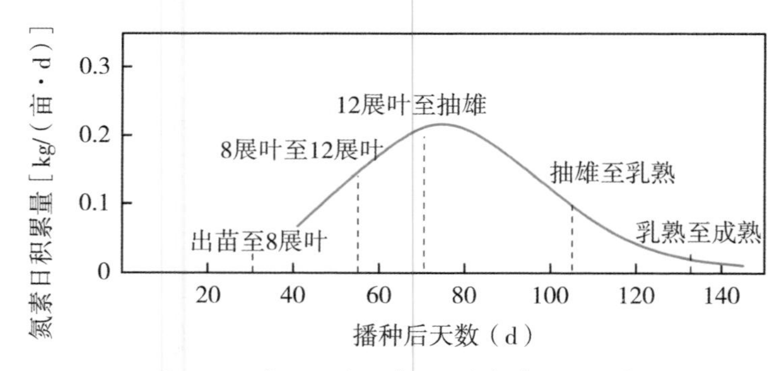

图 3-37　分次施肥高产田玉米氮素积累规律

（数据来源：张鹰等，2014）①

0.3
0.2
0.1
0
氮素日积累量［kg/（亩·d）］
12展叶至抽雄
8展叶至12展叶
抽雄至乳熟
乳熟至成熟
出苗至8展叶
20
40
60
80
100
120
140
播种后天数（d）

图 3-38　氮肥一次性基施玉米氮素积累规律

（数据来源：Wu et al.，2019）②

① 张鹰，曹国军，耿玉辉，等，2014. 氮素调控对吉林省东部高产玉米氮素积累分配规律及产量的影响 [J]. 玉米科学，22（1）：132-136，142.

② WU D, XU X, CHEN Y, et al., 2019. Effect of different drip fertigation methods on maize yield, nutrient and water productivity in two-soils in northeast China[J]. Agricultural Water Management, 213：200-211.

理也是在吐丝之前的叶片快速展开期出现了一次吸氮高峰，出苗至吐丝期、吐丝至成熟期的氮素积累量分别占总积累量的91.6%和8.4%，在吐丝至乳熟期和乳熟至成熟期的氮素积累量和积累速率明显低于水肥一体化分次施用和高产田分次施用的处理。由此说明，高产玉米在拔节后结合灌水及时施肥，以满足大喇叭口期需肥高峰的出现，且吐丝期之后由于玉米仍具有较高的氮素吸收能力，仍需要施肥保证籽粒灌浆氮素的供应，水肥一体化分次施肥可以较好地满足玉米的这一需肥特点，获得更高的产量和氮肥效率。

（二）最佳施氮量

为明确密植高产精准调控玉米群体的最佳施氮量，于2019—2021年在通辽科尔沁区钱家店开展了氮肥用量定位试验。采用滴灌水肥一体化精准调控技术，以DK159为供试品种，种植密度为6 000株/亩，每3 kg/亩纯氮作为一个施肥梯度，从不施氮肥至51 kg/亩总计18个氮肥梯度处理。所有氮肥处理从玉米7展叶开始，每隔10～12 d、按照全生育期6次平均随水滴施。3年结果表明，随着施氮量的增加，玉米产量先增加而后趋于平稳，呈“线性＋平台”的变化，在施氮量18 kg/亩时产量达到最大，3年平均产量达到1 116.0 kg/亩，施肥量进一步增加时，产量不再增加（图3-39）。而氮肥偏生产力（PFP_N）逐渐减小，施氮量与氮肥偏生产力之间呈幂乘函数关系。在玉米产量不再显著增加时对应的氮肥偏生产力平均达到62 kg/kg，是获得高产、同时获得较高氮肥生产效率的最佳用量。

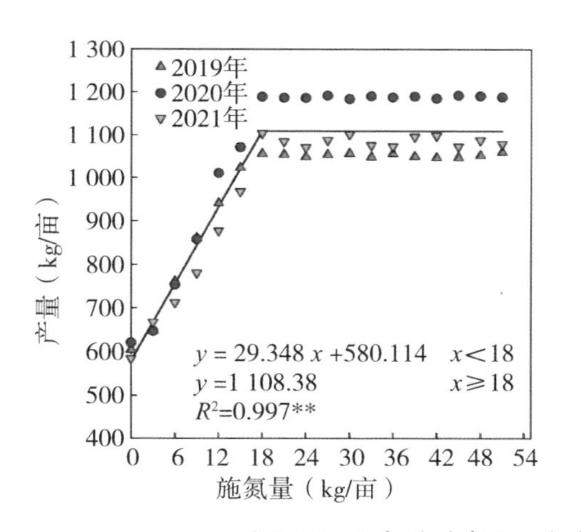

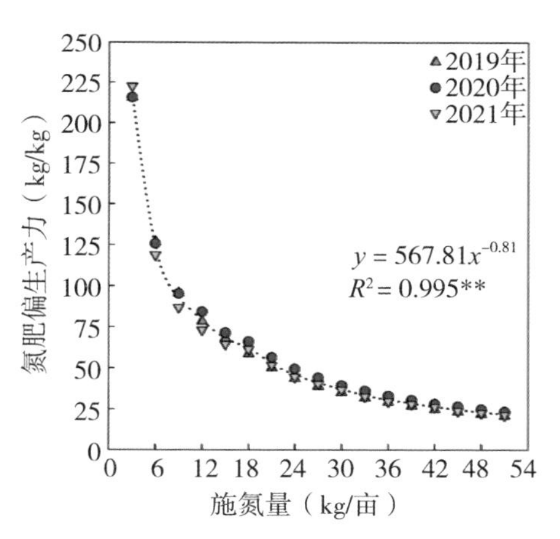

图3-39 施氮量对密植玉米产量和氮肥偏生产力的影响

（三）不同施氮量对玉米氮素日积累量的影响

在通辽钱家店镇试点测试不同施氮量对玉米氮素吸收特征的影响，供试品种为DK159，种植密度为6 000株/亩，设置不施氮、6 kg/亩、12 kg/亩、18 kg/亩、

24 kg/ 亩、30 kg/ 亩共 6 个处理，采取滴灌分次施肥，结果（图 3–40）表明，6 个施氮梯度处理的产量依次为 604.7 kg/ 亩、761.2 kg/ 亩、941.1 kg/ 亩、1 056.2 kg/ 亩、1 049.1 kg/ 亩和 1 056.5 kg/ 亩。随着生育进程推进，玉米氮素积累量逐渐增大，其中，日积累量均呈双峰曲线变化。播种后约第 60 天（大喇叭口期）达到第一个吸氮高峰，播种后第 103 天（乳熟至蜡熟期）达到第二个峰值，在播种后第 85 天（籽粒建成期）左右出现低谷。不同施氮处理在播种后第 60 天第一个峰值分别为 0.17 kg/（亩・d）、0.21 kg/（亩・d）、0.24 kg/（亩・d）、0.26 kg/（亩・d）、0.26 kg/（亩・d）、0.26 kg/（亩・d）；在播种后第 103 天，第二个峰值分别为 0.11 kg/（亩・d）、0.16 kg/（亩・d）、0.20 kg/（亩・d）、0.23 kg/（亩・d）、0.23 kg/（亩・d）、0.23 kg/（亩・d）。生育期平均氮素日积累量分别达到 0.08 kg/（亩・d）、0.11 kg/（亩・d）、0.13 kg/（亩・d）、0.15 kg/（亩・d）、0.15 kg/（亩・d）和 0.15 kg/（亩・d），随施氮量的增加氮素吸收强度呈增大趋势。

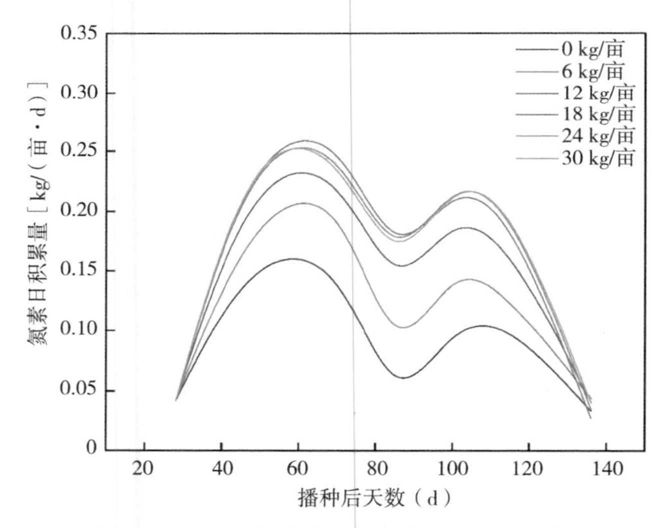

图 3–40　不同施氮量对玉米氮素日积累量的影响

（四）增密减氮提高玉米产量和氮肥利用效率

玉米品种、种植密度对氮肥施用量的响应是不同的。在浅埋滴灌水肥一体化分次施肥的条件下，DK159 的玉米产量略高于 ZD958，每亩 6 000 株高密度种植的玉米群体产量和氮肥生产效率均显著高于 4 000 株 / 亩的处理。在每亩 4 000 株种植密度下，获得最高产（ZD958 为 883.7 kg/ 亩；DK159 为 906.1 kg/ 亩）适宜的施氮量为 12 kg/ 亩；而每亩 6 000 株高密度种植的群体获得最高产量时（ZD958 为 1 168.2 kg/ 亩；DK159 为 1 186.1 kg/ 亩）的适宜施氮量为 18 kg/ 亩，

ZD958 和 DK159 的氮肥偏生产力分别为 61.3 kg/kg 和 64.9 kg/kg。种植密度 6 000 株 / 亩的群体产量较 4 000 株 / 亩的处理高 30.9% ～ 32.2%。适宜的施氮量有利于维持叶片较高的光合速率，增加群体的干物质。氮肥偏生产力随着施氮量的增大而显著降低。在相同施肥量条件下，6 000 株 / 亩密植处理氮肥偏生产率显著高于 4 000 株 / 亩的处理。因此，在滴灌施肥一体化模式下，合理增加种植密度，根据玉米的氮积累规律精准科学施肥，能够有效提高玉米的产量以及氮肥生产效率（图 3-41，图 3-42）。

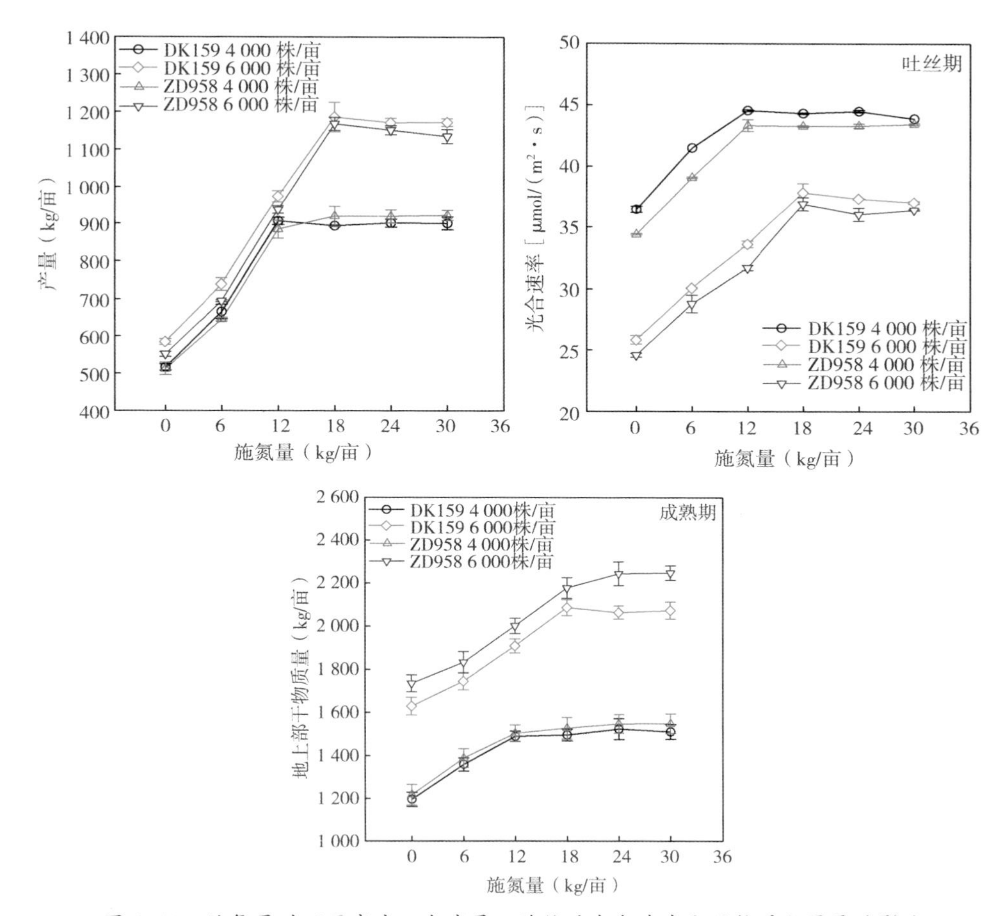

图 3-41　施氮量对不同密度玉米产量、穗位叶光合速率和干物质积累量的影响

（五）种植密度和施氮量对玉米植株冠层特征的影响

表 3-10 为水肥一体化下种植密度和施氮量对玉米植株高度和叶面积指数的影响。供试品种为 DK159，种植密度 4 000 株 / 亩和 6 000 株 / 亩，施氮量为 0 kg/ 亩、

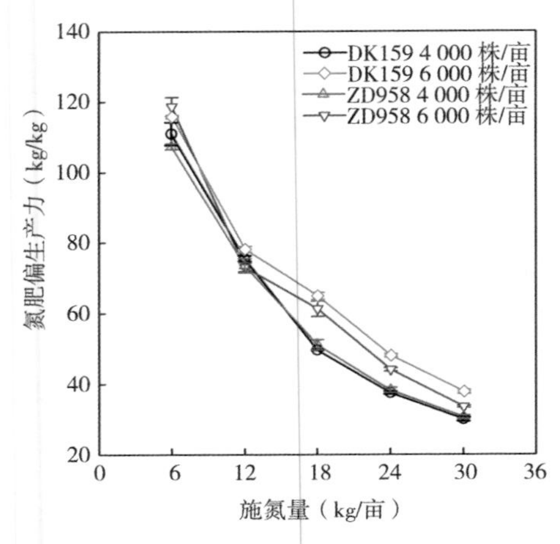

图 3-42　施氮量对不同密度玉米氮肥偏生产力的影响

6 kg/ 亩、12 kg/ 亩、18 kg/ 亩、24 kg/ 亩和 30 kg/ 亩。6 000 株 / 亩玉米群体株高、穗位高、叶面积指数均高于 4 000 株 / 亩。随着施氮量增大玉米株高、穗位高和叶面积指数均呈先增大后趋于平稳的变化趋势。在 4 000 株 / 亩种植密度下，亩施 12 kg 氮处理玉米的株高比不施氮和 6 kg/ 亩分别高 16.4% 和 13.9%；穗位高分别高 25.5% 和 9.1%；吐丝期叶面积指数分别高 14.1% 和 8.1%；成熟期叶面积指数分别高 14.0% 和 6.0%。亩施 12 kg 氮玉米的株高、穗位高、穗位系数以及叶面积指数与 18 kg/ 亩、24 kg/ 亩、30 kg/ 亩处理差异不显著。在 6 000 株 / 亩种植密度下，亩施 18 kg 氮玉米的株高比不施氮、6 kg/ 亩、12 kg/ 亩处理分别高 16.6%、5.6% 和 2.0%；穗位高分别高 29.0%、13.0% 和 5.5%；吐丝期叶面积指数分别高 45.3%、27.8% 和 13.8%；成熟期叶面积指数分别高 47.4%、35.9% 和 18.8%。亩施 18 kg 氮玉米的株高、穗位高、穗位系数以及叶面积指数与 24 kg/ 亩、30 kg/ 亩处理差异不显著。

表 3-10　种植密度和施氮量对玉米植株形态和叶面积指数的影响

种植密度（株 / 亩）	施氮量（kg/ 亩）	株高（cm）	穗位高（cm）	穗位系数（%）	叶面积指数	
					吐丝期	成熟期
4 000	0	264.0c	103.3c	39.1c	3.96c	2.75c
	6	294.7b	119.7b	40.6b	4.19b	2.93b
	12	324.7a	138.7a	42.7a	4.53a	3.13a
	18	324.3a	138.0a	42.6a	4.55a	3.15a
	24	325.0a	136.6a	42.1a	4.56a	3.14a
	30	325.7a	138.7a	42.6a	4.60a	3.16a

续表

种植密度（株 / 亩）	施氮量（kg/ 亩）	株高（cm）	穗位高（cm）	穗位系数（%）	叶面积指数	
					吐丝期	成熟期
6 000	0	284.3e	115.6e	40.7e	5.10e	3.21e
	6	314.0c	132.0c	42.0c	5.80c	3.48c
	12	325.0b	141.3b	43.5b	6.51b	3.98b
	18	331.5a	149.2a	45.0a	7.41a	4.73a
	24	332.3a	151.0a	45.4a	7.44a	4.76a
	30	332.0a	149.2a	44.9a	7.42a	4.81a

种植密度和施氮量对玉米冠层光辐射截获有显著的影响（图 3–43）。在吐丝期，亩 6 000 株种植密度穗位层和底层的光截获率较 4 000 株 / 亩群体分别提高了 3.28% 和 3.76%。随着施氮量的增大光截获率也呈先增大后平稳的变化趋势，施氮量和光截获率之间呈“线性 + 平台”关系。在 4 000 株 / 亩种植密度下，施氮量高于 12.17 kg/ 亩时，群体底层的光截获率达到 91.56%；而在 6 000 株 / 亩种植密度下，施氮量高于 15.79 kg/ 亩时，群体底层的光截获率达到 95.45%。

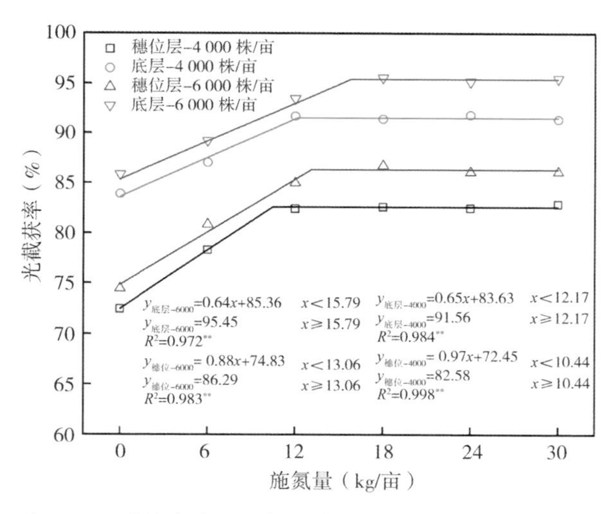

图 3–43　种植密度和施氮量对玉米冠层光截获率的影响

（六）不同土壤条件下施氮量对玉米产量的影响

为明确不同土壤质地和肥力条件下施氮量对玉米产量的影响，于 2020 年在通辽科尔沁区钱家店镇和育新镇、经济技术开发区辽河镇、科尔沁左翼中旗敖包苏木镇开展联合试验。4 个试点土壤理化特性见表 3–11，供试品种为 DK159，种植密度设置为 4 000 株 / 亩和 6 000 株 / 亩，施氮量设置为不施氮、施纯氮 6 kg/ 亩、12 kg/ 亩、18 kg/ 亩、24 kg/ 亩和 30 kg/ 亩共 6 个处理。由图 3-44 可见，在 4 种土壤条件下，玉米产量均随着施氮量增加先增加后趋于平稳，呈“线性 + 平台”变化，其中，4 000 株 / 亩处理转折点均出现在 12 kg/ 亩施氮量处，而 6 000 株 / 亩的均出现在 18 kg/ 亩处。4 个试点每亩 6 000 株高密度种植的产量分布在 1 095.4 ～ 1 193.7 kg/ 亩，平均为 1 150.2 kg/ 亩，较每亩 4 000 株 / 亩低密度（平均产量 930.5 kg/ 亩）的高出 219.7 kg/ 亩，增幅 23.6%。由此可见，在不同土壤类型及地力条件下，通过密植结合水肥一体化精准调控，玉米产量均可以达到 1 000 kg/ 亩。

表 3-11　不同试验地 0-60 cm 土层土壤理化性质

试验点	经纬度	土壤质地	有机质（g/kg）	全氮（g/kg）	碱解氮（mg/kg）	速效磷（mg/kg）	速效钾（mg/kg）	pH 值
钱家店镇	43°70′N，122°43′E	粉砂质壤土	24.2	1.4	91.8	4.3	220.0	7.7
育新镇	43°70′N，122°09′E	砂质壤土	15.6	0.9	67.0	4.0	113.1	8.2
敖包苏木镇	43°47′N，122°08′E	砂质壤土	12.5	0.8	53.0	3.3	105.7	8.4
辽河镇	43°73′N，122°18′E	砂土	11.6	0.9	50.2	5.7	81.4	8.4

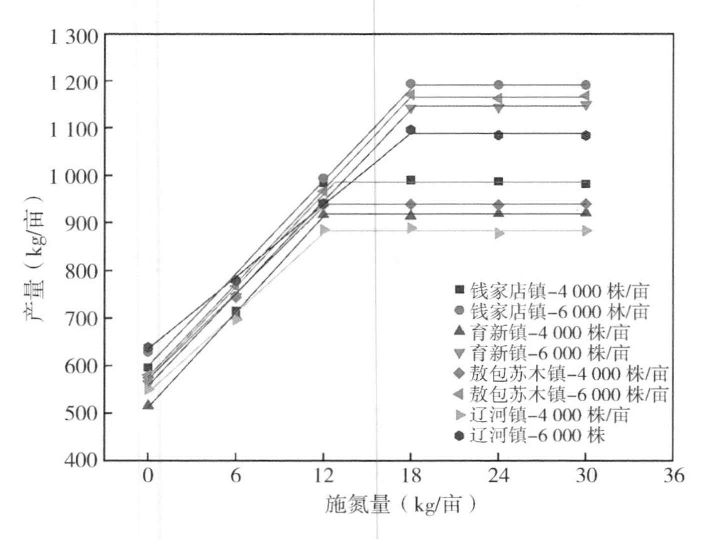

图 3-44　不同土壤质地及肥力条件下施氮量对玉米产量的影响

（七）分次施肥有助于提高玉米产量及氮肥利用效率

水肥一体、少量多次，充分利用滴灌系统进行施肥，是水肥一体化技术应遵循的基本原则。根据灌溉制度，将肥料按灌水时间和次数进行分配，发现适当增加追肥量比例和追肥次数，有利于按玉米需肥规律满足玉米高产需要，从而提高养分利用率。在通辽钱家店镇试点定量施氮条件下，获得最高产量（1 144.8 kg/亩）的施氮次数是 6 次；相对于生产常规施氮 2 次（856.1 kg/ 亩），产量提高了 33.7%。同时，施氮 6 次处理对应的氮肥偏生产力为 63.6 kg/kg，较常规施肥 2 次的（47.6 kg/kg）提高了 16.0 kg/kg。因此，缩短施肥间隔期，增加施肥次数，可有效提高玉米产量以及氮肥生产效率（图 3–45）。

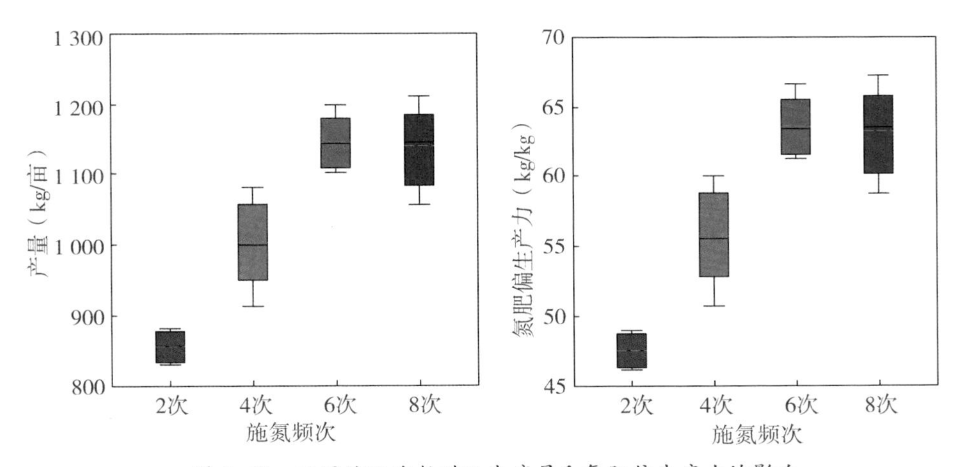

图 3–45　不同施肥次数对玉米产量和氮肥偏生产力的影响

三、玉米施肥技术方案

通过水肥一体化分次施肥，可以有效地将养分通过压力管道滴灌系统输送到玉米根系附近，供玉米吸收利用，进而保证玉米正常生长，有效提高水、氮的利用效率。在水肥一体化生产条件下，施肥的原则务必遵循玉米养分需求规律和养分临界值，将以往按土壤施肥转变为按玉米需求施肥，将传统生产“一炮轰”、全层施肥和大量施用基肥改变为按照玉米生育阶段需肥规律进行科学精准水肥供应。一是合理确定底肥或种肥的投入，可以适宜带入一定量的种肥作为玉米苗期生长所需的启动肥，其中纯氮不超过 2 kg/ 亩，种肥主要以磷肥和钾肥为主。二是水肥一体化的前提条件是把肥料先溶解，在每次滴肥之前可先将可溶性肥料提前浸泡在施肥罐中充分溶解，然后通过滴灌系统进行滴灌施肥。

施肥方案以内蒙古通辽密植（6 000 株 / 亩）高产玉米为例。产量目标为

1 000 kg/ 亩，需纯氮 18 ～ 20 kg/ 亩，按滴灌水肥一体化分次施肥模式，全生育期施肥 6 ～ 7 次。玉米施肥时间同灌溉时间，第一次在播种后第 50 天左右、玉米处于 7 ～ 8 展叶时，施入纯氮 3 kg/ 亩；第二次间隔 10 ～ 12 d，施入纯氮 4 kg/ 亩；第三次间隔 8 ～ 10 d，施入纯氮 4 kg/ 亩；第四次间隔 8 ～ 10 d，施入纯氮 3 kg/ 亩；第五次间隔 8 ～ 10 d，施入纯氮 2 kg/ 亩；第六次间隔 10 ～ 12 d，施入纯氮 2 kg/ 亩；第七次间隔 10 ～ 12 d，施入纯氮 1 kg/ 亩。

四、适合水肥一体化的新型肥料

（一）尿素硝铵溶液（UAN）

UAN 是含有硝态氮、铵态氮及酰胺态氮的液态氮肥，含氮量为 28% ～ 32%，为优质水溶性肥料，水溶性达到 100%，无杂质，利用率可以达到 90%，适合用于密植高产精准施肥。UAN 溶液可通过滴灌系统均匀地施入土壤中，同时含有的硝态氮、铵态氮能较快地被作物吸收，而酰胺基氮的肥效滞后一些，使其兼有速效肥及长效肥的功效，且施肥均匀，故其肥效要比固体氮肥高。液态氮肥用量和玉米产量之间的关系如图 3–46 所示。在土壤肥力中下的砂土地，使用优斯美液态氮肥（N 32%）16 kg/ 亩追肥，分 6 ～ 7 次随水滴施，玉米产量可以达到 1 035.2 kg/ 亩，氮肥偏生产力达到 202.2 kg/kg，显著降低了肥料用量，提高了肥料的利用率。

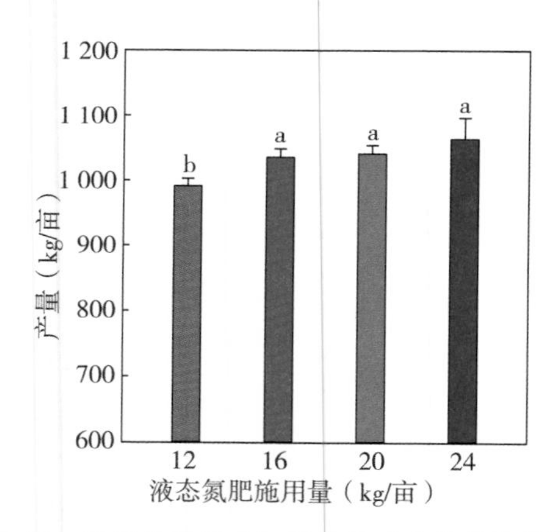

图 3–46　不同用量液态氮肥处理对玉米产量的影响

（二）水溶性磷肥（磷酸一铵）

磷是作物生长发育所需的大量营养元素之一，适量施用磷肥可以提高玉米的产量，但过量施用磷肥将会导致土壤磷素积累，不利于玉米增产且降低了磷肥利用率。作物吸收的磷素来源于外源磷肥施入和土壤有效磷供给两个部分，磷素在土壤中运移能力较弱，磷肥随水分次滴施的有效性、移动性高于传统生产的基肥一次施用。在密植栽培滴灌水肥一体化模式下，随水分次滴施 6 kg/ 亩水溶性磷肥（磷酸一铵），玉米达到 1 100 kg/ 亩产量水平（图 3–47）。滴施磷肥的玉米叶片光合速率、根系干重和体积也表现出相同趋势，在玉米吐丝期，滴施水溶性磷肥 6 kg/ 亩和 8 kg/ 亩的处理叶片光合速率、单株根系干重和根系体积差异不显著，而显著高于基施 8 kg/ 亩和滴施 4 kg/ 亩。说明磷肥分次施有利于维持叶片较高的光合速率（图 3–48）、根系生长及空间的分布（图 3–49）。在相同施磷量（8 kg/ 亩）条件下，水溶磷肥处理的产量比传统的基施磷肥高 11.5%，磷肥偏生产力（PFP_P）提高 11.49%。由此说明，与传统的基施磷肥相比，通过水肥一体化追施可溶性磷肥可以显著提高玉米的产量和磷肥利用率。

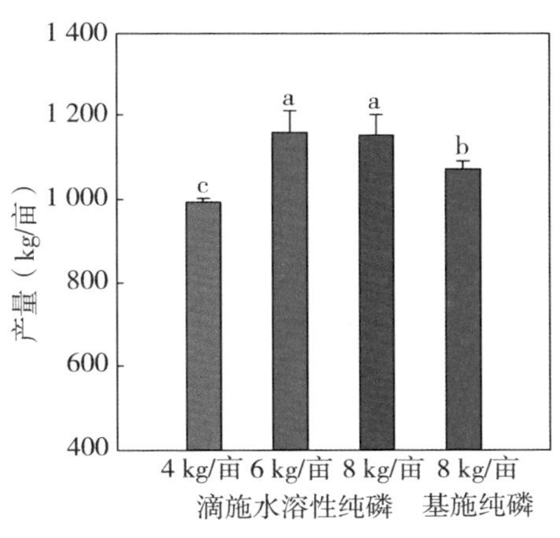

图 3–47 滴灌水肥一体化施磷对玉米产量的影响

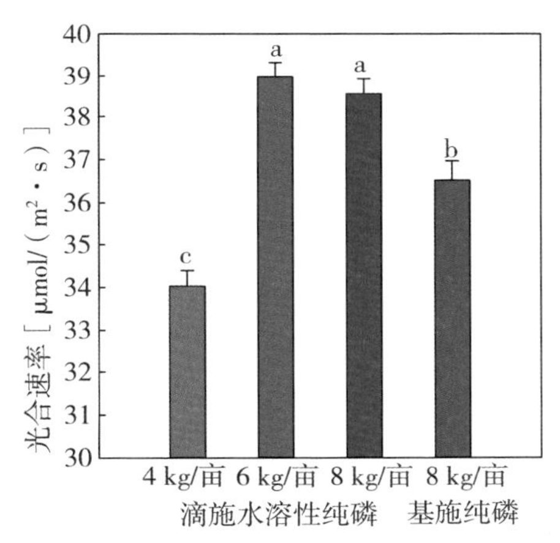

图 3–48 滴灌水肥一体化施磷对玉米吐丝期叶片光合速率的影响

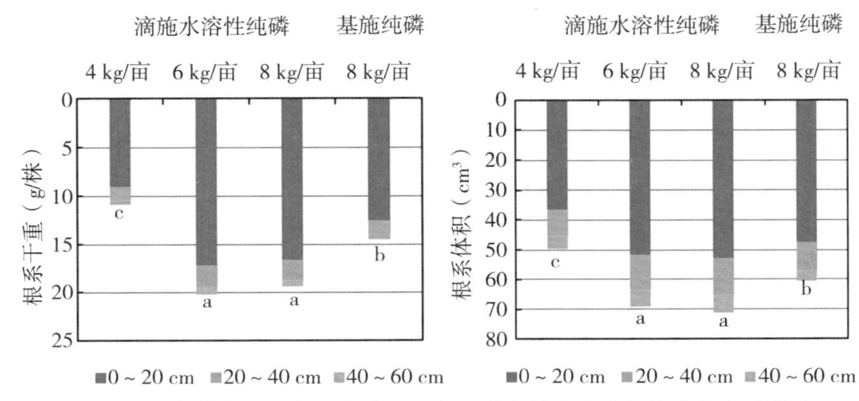

图 3–49 滴灌水肥一体化施磷对玉米吐丝期根系干重和根系体积的影响

第十节　病虫害防控

影响我国玉米生产的重要病虫害数十种，保守估计每年造成玉米 10% 以上的产量损失，严重发生年份减产幅度超过 20%。北方春玉米区主要病害为丝黑穗病、茎腐病、大斑病、穗腐病和瘤黑粉病，近年，灰斑病、弯孢菌叶斑病、北方炭疽病和线虫矮化病为害区域和程度呈增加趋势。亚洲玉米螟是各玉米产区普遍发生、为害最为严重的害虫；玉米蚜虫近年在东北地区为害加重，尤其干旱年份。此外，玉米黏虫和旋心虫在东北春玉米区发生较重。由于气候变暖、农业生态环境改变及种植业结构、耕作制度、种植品种、生产方式及生产条件等的改变，创造了适合某些有害生物种群变化的生态环境，玉米病虫害的发生呈加重趋势（表 3–12）。

表 3–12　东北地区玉米田主要病虫害

主要虫害	主要病害
玉米螟、黏虫、双斑长跗萤叶甲、草地螟、蚜虫、旋心虫、地老虎、蛴螬、蝼蛄、金针虫、红蜘蛛、草地螟、蛀茎夜蛾	丝黑穗病、茎腐病、大斑病、瘤黑粉病、穗（粒）腐病、灰斑病、弯孢菌叶斑病、北方炭疽病、苗枯病、纹枯病、小斑病、普通锈病、线虫矮化病

一、病虫害综合防治原则

我国的植保工作方针是“预防为主，综合防治”。综合防治方法包括以下几种。

农业防治。调整和改善作物的生长环境，以控制、避免或减轻病虫害为害，包括选用抗病虫品种、合理耕作、调整播期、处理越冬寄主、加强田间管理等技术手段。

物理防治。利用各种物理因素或机械设备防治病虫害。常用的物理机械防治法有捕杀法、诱杀法等几种类型。

生物防治法。利用有益生物及其代谢产物控制或消灭病、虫害。包括以虫治虫、以菌治虫、以菌治病、利用昆虫激素防治害虫等方法。

化学防治。利用有毒的化学物质来预防和消灭作物病虫害及其他有害生物。化学防治效果明显，收效快，但长期使用引起病、虫、草产生抗药性，且杀伤有益生物，破坏生态平衡；若农药使用不当，会引起人、畜中毒事故，还会污染大气、水域、土壤等生态环境，而且通过食物链进行生物富集，威胁人类健康。

二、玉米主要虫害

见表 3-13。

表 3-13 东北玉米田主要害虫

害虫名称	形态特征	为害症状
地老虎	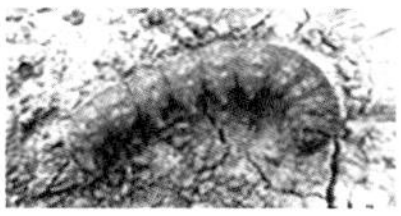	
蛴螬		
金针虫		
玉米旋心虫	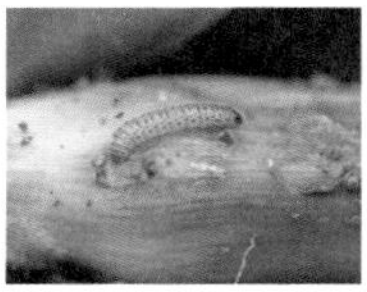	
黏虫		

续表

害虫名称	形态特征	为害症状
玉米螟		 
双斑长跗萤叶甲		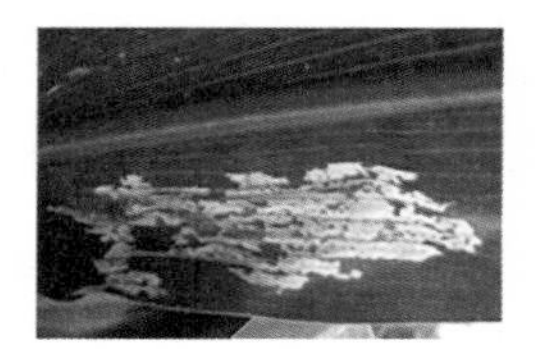
红蜘蛛		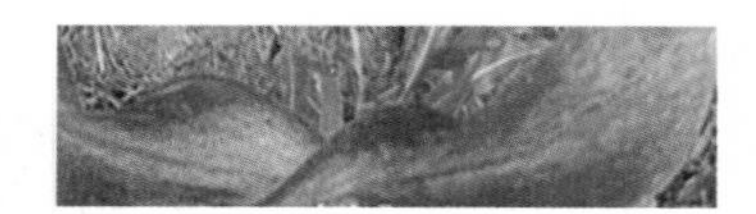
蚜虫		

三、玉米主要病害

见表 3–14。

表 3–14　东北玉米田主要病害

病害名称	症状	
根腐病（苗枯病）		根系出现变褐、腐烂、胚轴缢缩、干枯，根毛减少，无或少有次生根等症状，植株矮小，叶片发黄，从下部叶片的叶尖部位开始干枯，严重时幼苗死亡
茎基腐病		一般在乳熟后期开始表现症状，茎基部发黄变褐，内部空松，手可捏动，根系水浸状或红褐色腐烂，果穗下垂。分为青枯型和黄枯型
大斑病	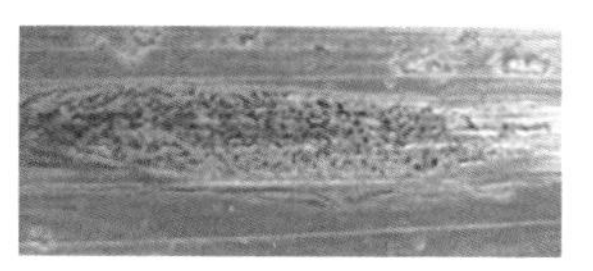	病斑大小为（50 ～ 100）mm×（5 ～ 10）mm，有些病斑可长达 200 mm。由植株下部叶片先开始发病，向上扩展
丝黑穗病		受害果穗较短，基部粗顶端尖，不吐花丝，除苞叶外整个果穗变成黑粉包，其内混有丝状寄主维管束组织

续表

病害名称		症状
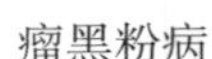 瘤黑粉病		在玉米植株的任何地上部位都可产生形状各异、大小不一的瘤状物，主要着生在茎秆和雌穗上
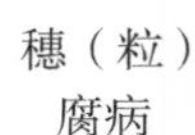 穗（粒）腐病		整个果穗或部分籽粒腐烂。表面被灰白色、粉红色、红色、灰绿色、紫色霉层、青灰色、黑色、黄绿色或黄褐色所覆盖。严重时，穗轴或整穗腐烂

四、玉米病虫害防治

（一）苗期病虫害防治

玉米苗期病虫害多，发生快，有效防治是确保全苗的关键。目前生产中对苗期病虫害的控制主要通过拌种和种衣剂包衣，复配种衣剂中一般含杀虫剂、杀菌剂，如氟虫腈、噻虫嗪、溴氰虫酰胺等包衣防治地下害虫和苗期蚜虫等，咯菌腈、苯醚甲环唑种子包衣防治土传病害和根部病害。有些种衣剂品种还添加微量元素或植物生长调节剂，可以促进出苗及苗期生长，提高出苗率，增强幼苗抗逆性。

（二）穗期病虫害防治

穗期是多种病虫的盛发期，可在玉米大喇叭口期选择苯醚甲环唑、烯唑醇、吡唑醚菌酯等内吸传导型杀菌剂进行喷雾防治药剂，抑制病害的发生、传播和蔓延。虫害的防治可选用广谱性的氯虫苯甲酰胺、噻虫嗪、吡虫啉等药剂与甲氨基阿维菌素苯甲酸盐（简称甲维盐）合理复配喷施，提高防治效果，兼治多种害虫；生物杀虫剂如苏云金杆菌（Bt）和白僵菌等，对玉米螟和黏虫等害虫有很好的防治效果。

（三）花粒期病虫害防治

花粒期是各种叶斑病加重为害期，玉米茎腐病、穗腐病、丝黑穗病、瘤黑粉病、大斑病、灰斑病等多种病害显症，茎腐病和丝黑穗是土传病害，要通过种子包衣来控制；对叶斑病和穗腐病等的防控除采用控制前移技术提前预防外，还可在此期喷施药剂防治，减轻植株后期早衰；防治果穗害虫为害可采用氯虫苯甲酰胺等杀虫剂，与和苯醚甲环唑等杀菌剂混用，可同时防治果穗害虫和后期病害。

生育中后期，玉米植株高大，用高地隙喷雾机、无人机或飞机航化作业，效果较好（图 3–50）。

高地隙机具喷药

无人机喷药

飞机航化作业

图 3–50 玉米田喷药

第十一节 收获与秸秆处理

玉米收获是将产量转换为效益的重要环节，只有收获技术与适期收获相配合，才能提高收获效率和籽粒品质，降低收获后的收储管理成本。东北区玉米收获方式主要有人工收获、机械穗收和机械粒收，目前以机械穗收所占比例最大，而机械粒收则是未来玉米的发展方向。

一、适期收获

玉米的适宜收获期因品种、播期及生产目的而异。对于籽粒玉米而言，适宜的收获期首先要在粒重达到最大之后，才不会因提早收获而影响产量。其次，籽粒干燥变硬后才能保证在收获过程中避免挤压破碎，并减少收获后籽粒晾晒时间或烘干费用，提高籽粒的商品品质。最后，过晚收获会增加茎秆倒伏风险，倒伏会极大影响玉米收获效率，引发果穗霉变等，对玉米的产量和品质产生不利影响。

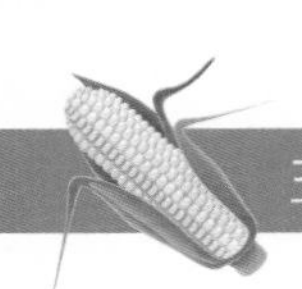

玉米籽粒授粉后，经过 40 ～ 80 d 的灌浆过程，达到生理成熟，即籽粒灌浆结束、粒重达到最大值。玉米生理成熟的标志一般表现为：植株的中部、下部叶片变黄，基部叶片干枯；果穗变黄，苞叶干枯呈黄白色而松散；籽粒脱水变硬、乳线消失，微干缩凹陷；籽粒基部（胚下端）出现黑层，并呈现出品种固有的色泽（图 3–51）。

基于不同品种的籽粒灌浆动态观测结果显示，乳线出现时（乳线比例为 0 时）的籽粒灌浆进程已达 50%，即粒重已达最大粒重的 50%；乳线高度达一半时，籽粒灌浆达到 90%。乳线消失时的籽粒灌浆进程约为 99.24%。乳线能够用于监测籽粒的灌浆动态，将乳线和黑层结合起来能够用于生理成熟的判断（图 3–52，图 3–53）。

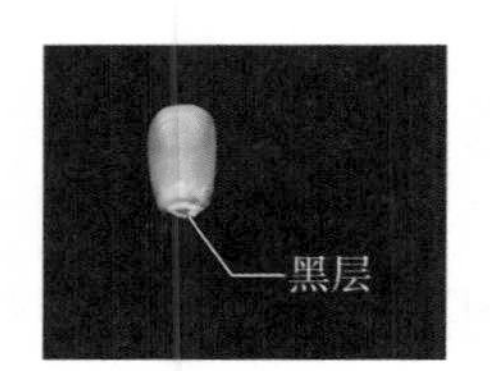

图 3–51　玉米籽粒生理成熟的黑层

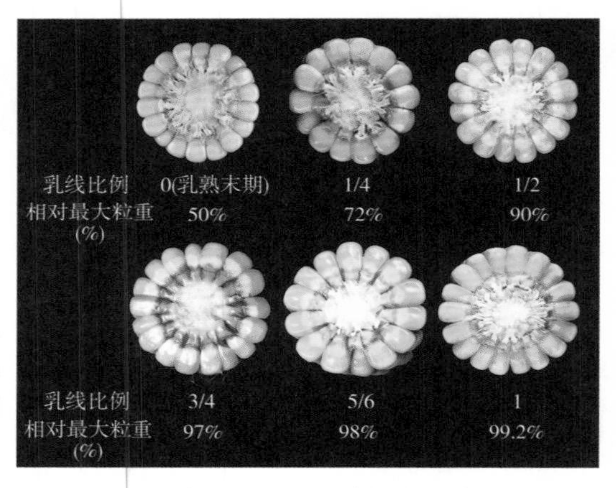

图 3–52　乳线比例与籽粒灌浆进程关系示意图

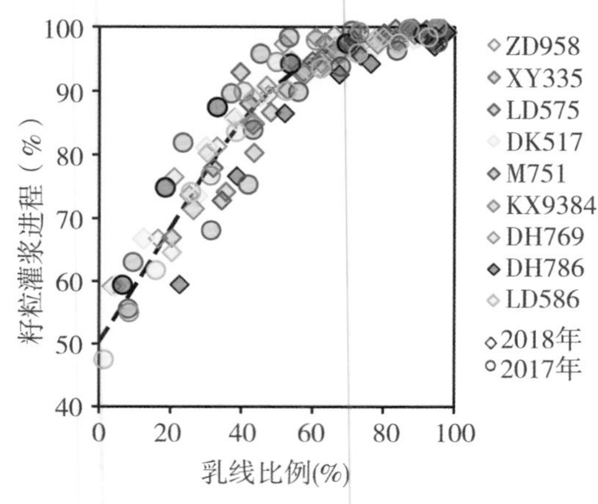

图 3–53　不同玉米品种乳线比例与籽粒灌浆进程的关系

此外，还要根据天气情况、品种特性和栽培条件确定适宜收获期，合理安排收获顺序，做到因地制宜、适时抢收，确保颗粒归仓。如遇雨季迫近，或整地需要，或品种易落粒、折秆、掉穗、穗上发芽等情况，应适当提前收获。

二、收获技术

玉米机械收获主要有两种方式：一种是用联合收割机配带玉米割台进行玉米机械籽粒直收作业（图 3-54）；另一种是专用玉米收获机进行玉米果穗收获。需要回收秸秆再利用的地区，可以结合秸秆打包机进行秸秆收集。近年来，随着玉米生产规模不断扩大、玉米种植密度和产量不断提高，玉米收获机械化率快速提高。2019 年，全国玉米机收率达到 77.32%。

人工收获

机械穗收

机械粒收

图 3-54 东北玉米收获方式

果穗收获：对种植中晚熟品种和晚播晚熟的地块，玉米籽粒含水率一般在 25% 以上时，应采取机械摘穗、晒场晾棒或整穗烘干的收获方式，待果穗籽粒含水率降至 25% 以下或东北地区白天室外气温降至 -10℃时，再用机械脱粒。玉米穗收机械生产应用需达到的技术性能指标是：机械收获籽粒损失率≤ 2%、果穗损失率≤ 3%、籽粒破碎率≤ 1%、苞叶剥净率≥ 85%、果穗含杂率≤ 3%；茎秆切碎长度（带秸秆还田作业的机型）≤ 10 cm、还田茎秆切碎合格率≥ 90%。

籽粒直收：籽粒直收技术机械化程度高，可以大幅度地提高收获效率，减小劳动强度，降低收获损失，是现代玉米生产的发展方向。由于在收获中联合实施脱粒作业，因此籽粒直收方式需籽粒含水率降至 25% 以下（图 3-55）或室外平均气温降至 -10℃以下时（籽粒冻结后硬度提高，减轻脱粒环节的籽粒破碎），玉米籽粒联合收获机直接进行脱粒收获，减少晾晒再脱粒的环节和成本。玉米机械籽粒直收的收获质量指标：机械收获总损失率（落穗与落粒）≤ 5%、籽粒破碎率≤ 5%、杂质率≤ 3%。

我国东北春玉米区热量资源有限，在高产和人工收获的育种目标指引下，主栽品种熟期偏长，收获期籽粒含水率往往在 30% 以上，不利于高质量的机械收获。根据东北春玉米区收获期气候条件分析，自生理成熟下降到籽粒含水率 25%

的干燥天数，在西部地区需 11 ～ 13 d，东部地区需 13 ～ 15 d。下降至 20%，西辽河流域通辽、赤峰需 25 ～ 30 d，吉林、辽宁西部在 30 ～ 35 d，黑龙江大部，吉林、辽宁东部需 35 ～ 40 d。目前东北地区主栽玉米品种自出苗至生理成熟约需活动积温（≥ 0℃）2 800 ～ 3 200 ℃ · d，生理成熟后至籽粒含水率下降至 25% 约需活动积温 160 ℃ · d，继续干燥至 20% 含水率约需活动积温 290 ℃ · d。在采取机械粒收方式选择品种时，应考虑区域热量条件与品种熟期以及生理成熟后干燥脱水的热量需求，为产量和生产效率协同提高奠定品种基础。

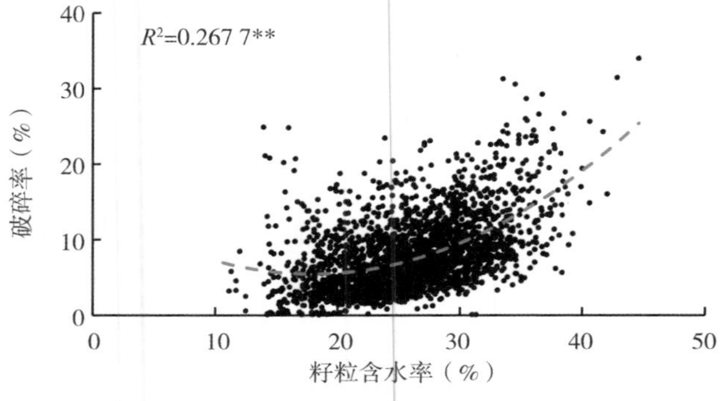

图 3–55　玉米籽粒破碎率与含水率之间的关系
（2013—2019 年，n=2 987）

机械果穗收获的玉米需要拉回场院晾晒，机械籽粒直收的籽粒直接进烘干塔烘干（图 3–56，图 3–57）。由于缺乏烘干设备，难以大规模、高效率的处理收获的高含水率籽粒，当前东北春玉米区仍以玉米机械穗收形式为主，机械籽粒直收技术面积占比较低。

图 3–56　东北春玉米区机械籽粒直收场景（内蒙古通辽市科左中旗示范田）

使用玉米机械收获时应注意以下几点。

第一，收获前 10 ～ 15 d，应对玉米的倒伏程度、种植密度和行距、果穗的下垂度、最低结穗高度等情况，做好田间调查，并提前制定作业计划。

第二，提前 3 ～ 5 d，对田块中的沟渠、垄台予以平整，并将水井、电杆拉线等不明显障碍安装标志，以利安全作业。

第三，作业前应进行试收获，调整机具，达到农艺要求后，方可投入正式作业。国产玉米联合收获机均为对行收获，作业时其割台要对准玉米行，以减少掉穗损失。

第四，作业前，适当调整摘穗辊（或摘穗板）间隙，以减少籽粒破碎；作业中，注意果穗升运过程中的流畅性，以免卡住、堵塞；随时观察果穗箱的充满程度，及时倾卸果穗，以免果穗满后溢出或卸粮时卡堵现象。

第五，正确调整秸秆还田机的作业高度，以保证留茬高度小于 10 cm，以免还田刀具打土、损坏。

图 3–57　玉米果穗堆放与籽粒烘干

三、收获后的秸秆处理

高产玉米的收获指数在 50% 左右，秸秆产量与籽粒产量基本相当，是重要的农业资源。玉米秸秆含有 30% 以上的碳水化合物、2% ～ 4% 的蛋白质和 0.5% ～ 1% 的脂肪，经青贮、黄贮、氨化及糖化等处理后，2 kg 玉米秸秆消化净能相当于 1 kg 的玉米籽粒。饲喂产生的牲畜粪便还是优质的有机肥料，还田具有良好的生态和经济效益。因此，充分有效地利用秸秆是提高农业生产效率、促进农业可持续发展的重要内容。

（一）秸秆做饲料

畜牧业发达地区，可用秸秆打包机将部分秸秆打包离田，用于饲草，有利于减轻过量秸秆还田造成的下茬作物播种困难。收获的玉米秸秆可以黄贮，应边收边贮，尽量减少暴晒和堆积，以保证贮料新鲜。在黄贮前必须进行切碎，一般以 2 ～ 2.5 cm 为宜。尽量避免在雨天进行收割、运输贮料，以减少泥土的污染（图 3–58）。

图 3-58　玉米秸秆打捆做饲料

（二）秸秆还田

秸秆和根茬应根据机械配置、种植模式、市场需求等具体情况进行移除或粉碎还田处理。但由于低温、秸秆量大等因素，在玉米连作田块实施秸秆还田、培肥地力的难度较大，部分地区存在秸秆焚烧的现象，加重了区域大气污染。目前，玉米秸秆还田的方式主要有直接还田（翻耕还田，覆盖还田）和间接还田（养畜过腹还田、沤肥还田）。随着机械化收获和秸秆粉碎机械作业的推广，秸秆直接还田的面积逐步扩大，目前秸秆还田技术主要有以下两种作业形式。

一是秸秆粉碎覆盖还田。一般在冬、春季干旱、土壤风蚀严重的地区运用，发挥减少土壤扰动、保持土壤水分等作用。在玉米收获时用联合收割机（或收获后结合秸秆粉碎机械）将收获后的秸秆就地粉碎并均匀抛撒在地表覆盖还田，用免耕播种机直接进行下茬作物播种。秸秆粉碎要细碎均匀，长度不大于 10 cm、铺撒均匀，留茬高度小于 15 cm（图 3-59）。

二是秸秆粉碎后翻埋还田。一般应在冬季降雪多、地块平整、土壤风蚀较弱的地区运用。犁耕翻埋还田时，耕深不小于 20 cm；旋耕翻埋还田时，耕深不小于 15 cm，耕后耙透、镇实、整平，消除因秸秆造成的土壤架空，为播种和作物生长创造条件。秸秆还田的地可按还田干秸秆量的 0.5% ～ 1% 增施氮肥，调节碳、氮比例（图 3-60）。

需要注意的是，还田秸秆中可能带有虫卵、病原等，造成来年病虫害发生加重或变化，应注意苗期、成株期病虫防治，避免造成损失。

图 3-59　秸秆粉碎并均匀抛撒在地表覆盖还田

图 3-60　秸秆粉碎后翻埋还田

第四章

玉米密植高产精准调控技术模式

一、产量指标及主要技术指标

产量结构：亩收获穗数 5 000 ～ 6 000 穗，穗粒数 500 ～ 550 粒，千粒重 320 ～ 380 g，单穗粒重 185 ～ 200 g，亩产 1 000 ～ 1 200 kg。

肥水指标：全生育期每亩纯氮（N）18 ～ 22 kg，P_2O_5 11 ～ 13 kg，K_2O 13 ～ 15 kg；包括尿素、硫酸铵、磷酸二铵、硫酸钾或氯化钾，硫酸锌。

自然肥总投肥量 85 ～ 100 kg，氮磷钾比为 1 :（0.5 ～ 0.6）:（0.6 ～ 0.8）。全生育期灌水 7 ～ 10 次，亩总灌量 180 ～ 260 m^3，黏土地块相对灌溉量适当降低，砂土地块适当增加，具体灌溉量应结合降雨灵活调整。

东北春玉米密植高产精准调控技术模式的主要管理方案如图 4–1 所示。

二、种子准备

品种选择：国家或所在省区审定的、且经过当地耐密抗倒筛选的高产宜机收品种。

种子质量要求：应选适合单粒点播的精品种子，纯度不低于 98.0%，净度不低于 99%，发芽率不低于 95%，水分含量不高于 13.0%。

三、种植方式

采用浅埋滴灌方式种植，行距选用 80 cm + 40 cm 宽窄行配置，滴灌带铺设在窄行中。亩理论种植密度 5 500 ～ 6 500 株。

四、土地准备

未翻耕的田块，农机作业顺序为：灭茬翻耕—平地—清田—化除—整地。

灭茬翻耕要求：秸秆全部翻入土壤，翻耕深度大于 30 cm；翻垡均匀、不拉沟、不漏犁，翻耕后不露根茬和秸秆。

清田要求：对于翻耕后杂草、秸秆、根茬较多地块，需进行清田作业。

化除要求：喷施除草剂应根据打药车的喷幅做好标记，做到不重不漏。作业时严禁在地头、地中停车，要求施药一周后播种。药剂选用 50% 乙草胺 120 ～ 250 mL，兑水 30 ～ 50 kg，均匀喷雾。

整地要求：标准达到“齐、平、松、碎、净”的质量标准。齐：整地到头到边，做到边成线、角成方；平：耙地后地面平整，无小坑洼、沟槽；松：土壤疏松不板结，整地深度 5 ～ 6 cm，上虚下实；碎：土块直径小于 2 cm，无大土块；净：达到清田标准，田间干净整洁。

通过上述作业使播前土壤达到如下要求：1 m^2 内 5 cm 长的秸秆不能超过 3 根，大于 5 cm 的土坷垃不超过 3 块。

五、种子处理、适时播种并滴出苗水

主攻目标：适时早播，一播全苗。

种子处理：使用精准包衣的种子。对缺乏有效成分种衣剂包衣效果不好的种子，应选用针对目标病虫害的种衣剂采取二次包衣。二次包衣时，应在播前 7 ～ 10 d 包衣晾干、装袋，防治地下害虫、土传病害和苗期病虫害，提高种子的发芽率，确保苗齐、苗壮。

播种：当 5 cm 地温稳定在 10 ～ 12℃即可播种，适时早播能延长营养生长期，增加干物质积累，利于穗大籽饱，提早成熟。

播种量和播深：精量点播每亩 2.5 ～ 3 kg（或 5 500 ～ 6 500 粒），播种深度 4 ～ 5 cm，镇压紧实。

播种时每亩地施用磷肥总量的 60% ～ 80%，钾肥总量的 50% ～ 60%，施入种子侧下方 10 cm 深，覆盖严密。

播种质量：采取导航播种，做到播行笔直、下籽均匀、接行准确、播深适宜、镇压紧实、到头到边。

滴水出苗：播种前测试并保证滴灌管网正常，及时安装节水设备，坚持做到边播种边装管，播完一块安装一块滴水一块。采用干播湿出技术，检查滴管并确定其正常运行，使灌溉均匀一致，保证出苗的均匀一致性，每亩滴水 10 ～ 30 m^3（根据天气、土壤水墒情适当调整），确保出苗率达到 95% 以上。

六、苗期管理

主攻目标：苗全、苗匀、苗壮、根多、根深。

此阶段玉米地上部分生长缓慢，生长中心是根系，各项措施要为保苗、促根、促壮苗服务。

中耕：显行中耕，深中耕。苗期中耕 2 ～ 3 次，深度 14 ～ 18 cm，护苗带 8 ～ 10 cm，做到不铲苗、不埋苗、不拉沟、不留隔墙、不起大土块，达到行间平、松、碎。

蹲苗：蹲苗应掌握“蹲黑不蹲黄，蹲肥不蹲瘦，蹲湿不蹲干”的原则。

防虫：苗期虫害主要通过种衣剂进行精准包衣或二次包衣予以防治，5 月中下旬地老虎、金针虫严重发生的地块，用 90% 的晶体敌百虫 0.5 kg 加水喷在 50 kg 左右炒香的麦麸或油渣等饵料中，傍晚撒施在玉米幼苗旁边，亩用量 3 ～

4 kg。也可在 5 月中下旬用菊酯类农药连喷两次，间隔时间 5 ～ 7 d。

七、拔节至吐丝阶段（孕穗期）管理

主攻目标：促进玉米迅速生长发育，争取秆壮、穗大、粒多。

拔节期雄穗生长锥开始伸长，植株进入快速增长期；大喇叭口期进入雌穗小花分化，茎叶生长达到高峰，是水肥管理关键时期，也是促进穗多、穗大、粒多的关键时期。

水肥管理：拔节至吐丝期滴水施肥 3 ～ 4 次，水肥量见水肥决策表。

化学调控：6 ～ 8 片展开叶期，每亩叶面均匀喷施羟烯·乙烯利、玉黄金或吨田宝等玉米专用生长调节剂，具体用量参照使用说明。要求在无风无雨的 10：00 前或 16：00 后喷施，力求喷施均匀，不要重复喷施，也不要漏喷。

病虫防治：玉米螟防治，在大喇叭口期，亩用 20% 氯虫苯甲酰胺悬浮剂（康宽）10 mL，兑水 30 ～ 40 kg 喷雾；或机械可以进地的情况下，应及早进行机械防治；生物杀虫剂如苏云金杆菌（Bt）和白僵菌等，对玉米螟和黏虫等害虫也有很好的防治效果。在大喇叭口期至抽雄前，用 5% 菌毒清水剂 600 倍液和 75% 百菌清可湿性粉剂兑水 800 倍液喷雾预防茎腐病和穗粒腐病。

八、吐丝至灌浆成熟阶段（花粒期）管理

主攻目标：防早衰，促灌浆，争取粒多粒重。

滴水滴肥：抽雄至灌浆成熟期滴水施肥 4 ～ 5 次，水肥量见表 4–1 和表 4–2。

九、收获、脱粒、贮藏

收获：当苞叶发黄，籽粒变硬，籽粒基部出现黑层并呈现出品种固有的颜色和光泽时为成熟，当籽粒含水率降到 25% 以下时可进行机械粒收。

烘干入库：收获的籽粒及时烘干入库。一般玉米籽粒含水量在 14% 以下可安全贮藏。

贮藏：贮藏在干燥通风的地方，并经常检查，防止鼠害和霉坏变质。

表 4–1 滴灌密植高产玉米水肥决策（风沙地）

灌溉次序	灌水时间（出苗后天数）	灌水量（m^3/ 亩）	滴水间隔时间（d）	氮（N）（kg/ 亩）	磷（P_2O_5）（kg/ 亩）	钾（K_2O）（kg/ 亩）
1	51	25 ～ 30	10	3	2	2
2	61	25 ～ 30		4	2	1.3
3	68	25 ～ 30		4	2	1.3
4	76	30 ～ 35	7	3	2	1.3
5	84	30 ～ 35		2	2	1
6	92	30 ～ 35		2	1	1
7	100	20 ～ 25		2	1	1
8	108	20 ～ 25	10	2	1	1
9	119	20 ～ 25	10	1	1	1
10	129	15 ～ 20		1	1	1
合计		240 ～ 290		24	15	13

表 4–2 滴灌密植高产玉米水肥决策（黑土、砂壤土）

灌溉次序	灌水时间（出苗后天数）	灌水量（m^3/ 亩）	滴水周期（d）	氮（N）（kg/ 亩）	磷（P_2O_5）（kg/ 亩）	钾（K_2O）（kg/ 亩）
1	51	25 ～ 30	12	3	2	2
2	64	30 ～ 35		4	2	2
3	74	30 ～ 35	9	4	2	2
4	84	30 ～ 35		3	2	2
5	94	25 ～ 30		2	2	1
6	104	20 ～ 25	12	2	2	1
7	118	20 ～ 25	12	2	1	1
8	130	20 ～ 25		2	1	1
合计		200 ～ 240		22	14	12

注：1. 氮肥如果用尿素，尿素含氮为 46%，因此，用量为纯氮量乘以 2.1；

2. 如果没有含磷钾的水溶性肥料，则磷钾均作为基肥施入；如果有含磷钾的水溶性肥料，则按上述纯量进行折算。

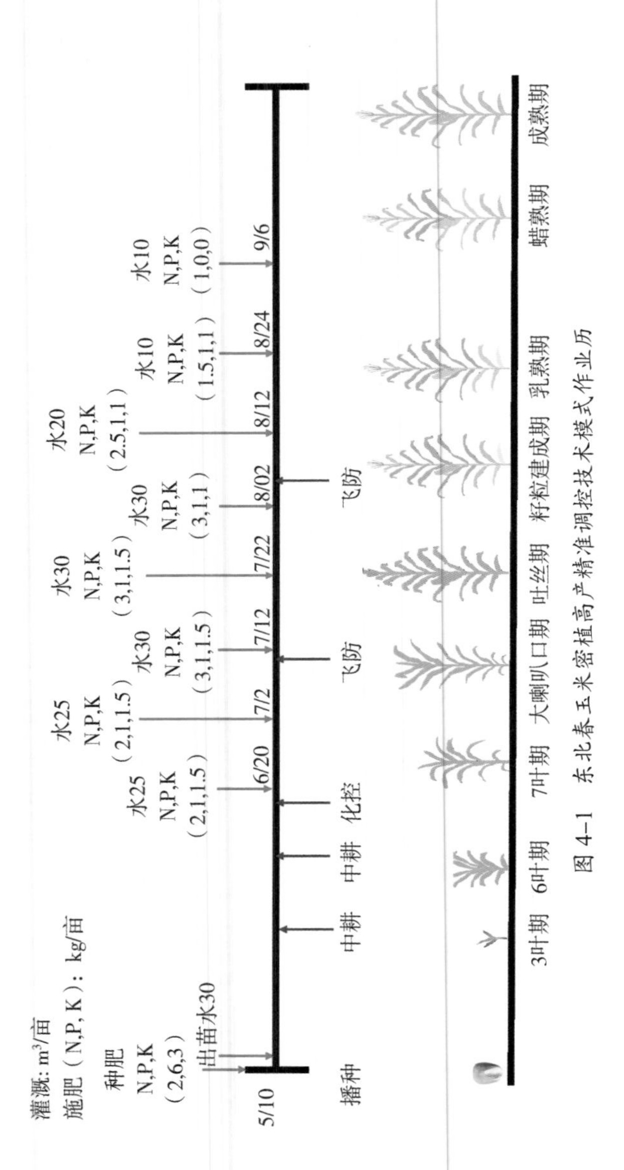

图 4-1 东北春玉米密植高产精准调控技术模式作业历

附　录

附录 1　玉米生长发育过程图解

一、玉米的生育期

从播种到新的籽粒成熟为玉米的一生。一般将玉米从播种到成熟所经历的天数称为全生育期，从出苗至成熟所经历的天数称为生育期，某一品种整个生育期间所需要的积温基本稳定，温度较高条件下生育期会适当缩短，较低温度条件下生育期会适当延长。

二、玉米的生育时期

玉米一生中，外部形态特征和内部生理及代谢均会发生阶段性变化，这些阶段称为生育时期。当 50% 以上植株表现出某一生育时期特征时，标志全田进入该生育时期（表 1）。

表 1　玉米各生育时期特征

播种	出苗期	三叶期	拔节期
		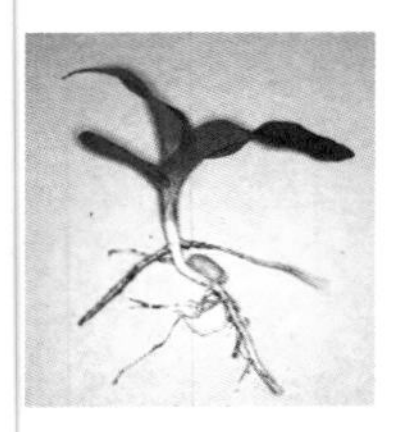	
播种当天的日期（土壤墒情差时以滴水或降透雨之日为准）	第一片叶开始展开或幼苗出土高约 2 cm 的日期	第三片叶露出叶心 2 ～ 3 cm，是玉米离乳期	植株近地面手摸可感到有茎节，茎节总长 2 ～ 3 cm，一般处于 6 ～ 8 叶展开期

续表

小喇叭口期	大喇叭口期	抽雄散粉期	吐丝期

雌穗生长锥进入伸长期，雄穗进入小花分化期，一般处于 8 ～ 10 叶展开期	雌穗开始小花分化，雄穗分化进入四分体期，棒三叶甩出但未展开，侧面形状似喇叭，一般处于 11 ～ 13 叶展开期	植株雄穗尖端露出顶叶 3 ～ 5 cm。一般抽雄后 2 ～ 3 d 花药开始散花粉	雌穗的花丝从苞叶中伸出 2 cm 左右
灌浆期			
籽粒建成期	乳熟期	蜡熟期	完熟期
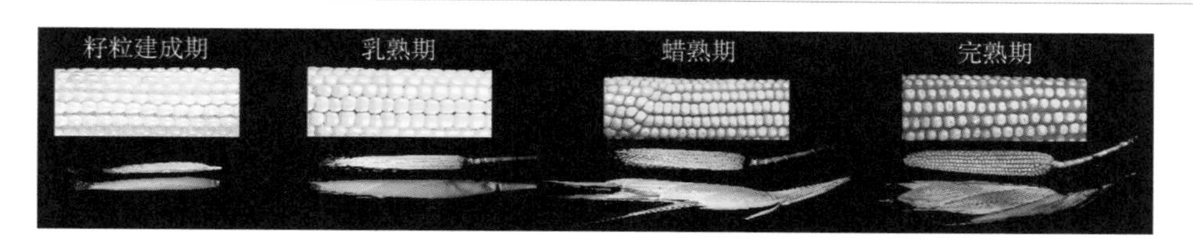			
自受精起 12 ～ 17 d，籽粒呈胶囊状、圆形，胚乳呈清浆状	籽粒开始快速积累同化产物，在吐丝后 15 ～ 35 d，胚乳呈乳状后至糊状	籽粒开始变硬，吐丝后 35 ～ 50 d，胚乳呈蜡状，用指甲可划破	果穗苞叶枯黄松散，籽粒干硬，基部出现黑色层，乳线消失，并呈现出品种固有的颜色和色泽。在吐丝后 45 ～ 65 d

注：从受精后籽粒开始发育至成熟，统称为灌浆期。整个灌浆过程又可分为 4 个阶段。

三、玉米植株

（一）玉米的幼苗

玉米幼苗的主要结构见图 1。

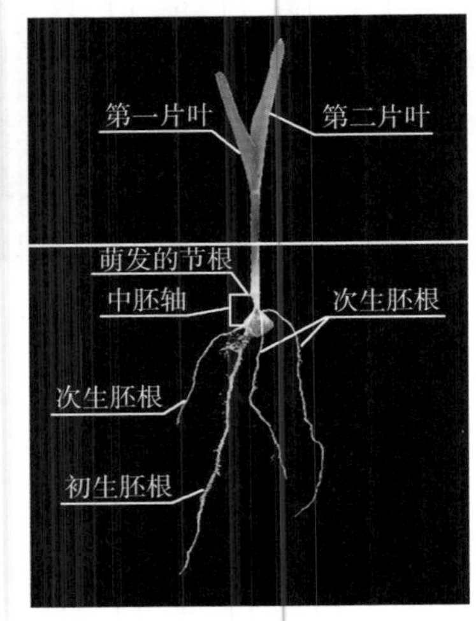

图 1　玉米的幼苗

（二）玉米植株

见图 2。

图 2　玉米植株

1. 基本概念

可见叶：拔节前心叶露出 2 cm，拔节后露出 5 cm 时为该叶的可见期。新的可见叶与其以下叶数相加，即为可见叶数。

展开叶：上一叶的叶环从前一展开叶的叶鞘中露出，两叶的叶环平齐时为上一叶的展开期。新展开叶与其以下已展开叶数相加，即为展开叶数。

植株高度：抽雄前测量植株自然高度，抽雄后测量从地面至植株雄穗顶部的高度。

穗位高度：测量从地面至最上部果穗着生节位的高度。

2. 果穗性状

玉米果穗中部的籽粒行数为行数（图 3）；玉米果穗中等长度行的籽粒数计为行粒数（图 4）。

图 3　穗行数（图例为 16 行）

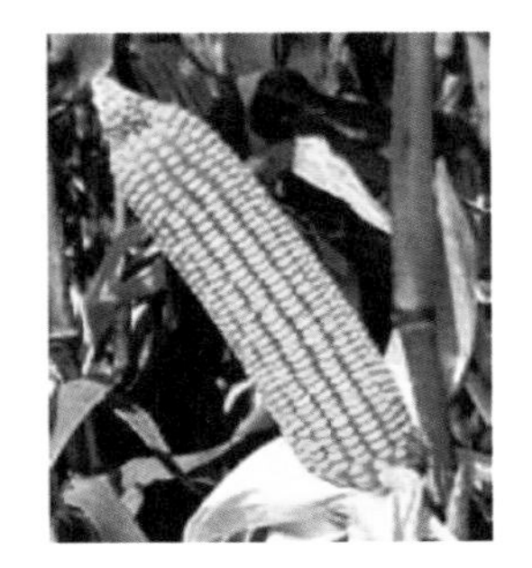

图 4　行粒数（图例为 43 粒）

附录 2　玉米缺素及诊断

玉米的生长发育需要氮、磷、钾、钙、镁、硫、铁、锰、铜、锌、硼、钼等多种矿质元素和碳、氢、氧 3 种非矿质元素。其中氮、磷、钾 3 种元素，玉米需求最多，是大量元素；钙、镁、硫 3 种元素，玉米需求次之，是中量元素；铁、锰、铜、锌、硼、钼等元素，需求量很少，是微量元素。缺少任何元素都会产生缺素症状并影响生长发育和产量形成，在生产中可根据缺素症状及时补肥（表 1）。

表 1　玉米缺素症状

缺素类型	不同时期或不同部位典型症状
氮	  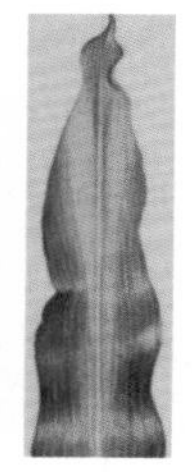 植株生长缓慢，株型矮小；叶色褪淡，叶片从叶尖开始变黄，沿叶片中脉发展，呈现“V”字形黄化；上部叶片黄绿、下部由黄变枯。中下部茎秆常带有红色或紫红色；缺氮严重或关键期缺氮，果穗变小，顶部籽粒不充实，成熟提早，产量和品质下降
磷	  缺磷症状在苗期最为明显，缺磷时，植株生长缓慢，瘦弱，茎基部、叶鞘甚至全株呈现紫红色，严重时叶尖枯死呈褐色；根系不发达，抽雄吐丝延迟，雌穗授粉受阻，结实不良，果穗弯曲、秃尖，粒重低，籽粒品质差

续表

缺素类型	不同时期或不同部位典型症状
钾	 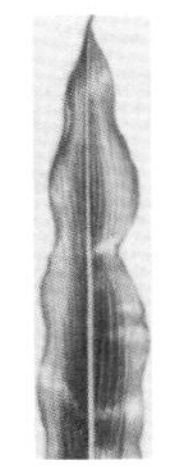 植株缺钾　叶片缺钾 玉米缺钾症状多发生在生育中后期，表现为中下部老叶叶尖及叶缘呈黄色或似火红焦枯，并退绿坏死；节间缩短，茎秆细弱，易倒伏；成熟期推迟，果穗小，顶部发育不良，籽粒不饱满，产量锐减；籽粒淀粉含量低，皮多质劣
硫	 新叶失绿黄化，脉间组织失绿更为严重，随后叶缘逐渐变为淡红色至浅红色，同时茎基部也出现紫红色，老叶仍保持绿色，植株生长受抑，矮小细弱
锌	   缺锌症状　缺锌呈现“白色条纹病”　节间缩短、矮化 玉米对缺锌比较敏感，出苗后 1 ～ 2 周即可出现缺锌症状，称为白化苗。有时叶缘、叶鞘呈褐色或红色。同时，节间明显缩短，植株严重矮化；抽雄、吐丝延迟，甚至不能正常吐丝，果穗发育不良，缺粒严重

续表

缺素类型	不同时期或不同部位典型症状
钙	  植株生长不良，心叶不能伸展，有的叶尖黏合在一起呈梯状，叶尖黄化枯死；新展开的功能叶叶尖及叶片前端叶缘焦枯，并出现不规则的齿状缺裂；新根少，根系短，呈黄褐色，缺乏生机
硼	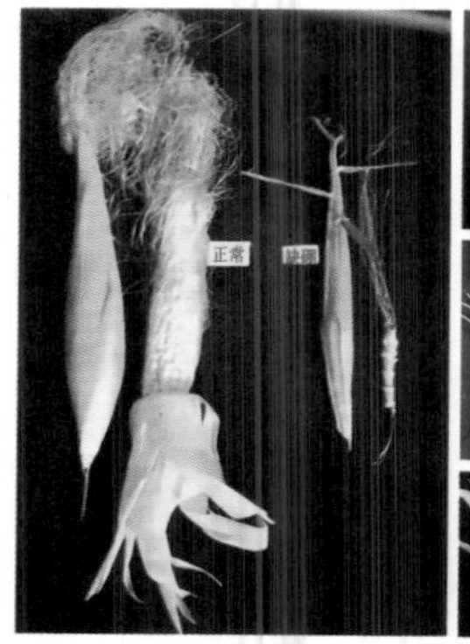   嫩叶叶脉间出现不规则白色斑点，各斑点可融合呈白色条纹，严重的节间伸长受抑或不能抽雄或吐丝。当硼不足时会导致玉米穗畸形或发育不全，开花时遇大旱或大雨，可能因硼不足而使果穗发育不全，降低产量
镁	 严重缺镁叶片  中下部叶片失绿黄化 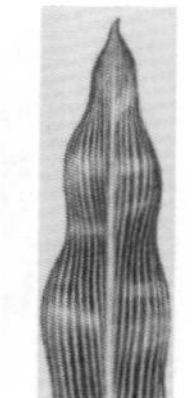 叶片缺镁症状 缺镁症状一般出现在拔节以后。幼叶上部叶片发黄，下位叶前端脉间失绿，并逐渐向叶基部发展，失绿组织黄色加深，叶脉保持绿色，呈黄绿相间的条纹，有时局部也会出现念珠状绿斑，叶尖及前端叶缘呈现紫红色，严重时叶尖干枯，脉间失绿部位出现褐色斑点或条斑，植株矮化

续表

缺素类型	不同时期或不同部位典型症状
锰	 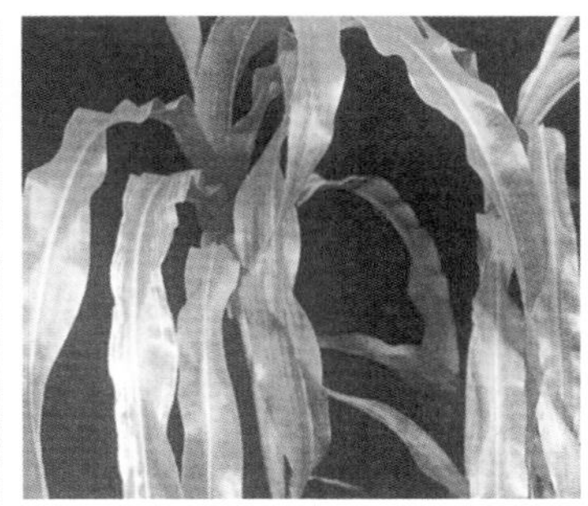 缺锰叶绿素含量降低。幼叶脉间组织慢慢变黄，形成黄绿相间条纹，叶片弯曲下披。较基部叶片上出现灰绿色斑点或条纹

附录3　玉米抗逆减灾

非生物逆境一般称为自然灾害，是自然界中所发生的异常现象，主要指非生物因素引起的影响作物生长发育的环境条件。我国是世界上自然灾害种类最多的国家，其中仅对玉米生产影响较大的气象灾害就有干旱、雨涝、高温、热带气旋（狂风、暴雨、洪水）、冷害、冻害、雹害、风害、连阴雨等。灾害都有消极的或破坏性作用，影响玉米生长发育的环境条件进而造成危害。

一、干旱

干旱是指长时期降水偏少，造成大气干燥，土壤缺水，使玉米体内水分亏缺，影响正常生长发育造成减产，缺水严重时，植株还有可能枯萎、死亡。在玉米生长发育的各个阶段，水分胁迫均会对玉米的光合作用、呼吸机制、氮素代谢及生长发育和产量产生明显影响（表1）。

表1　土壤干旱级别

	重旱	中旱	轻旱	适宜	过湿
作物生育期	土壤相对湿度＜40%	40%≤土壤相对湿度＜50%	50%≤土壤相对湿度＜60%	50%≤土壤相对湿度＜80%	土壤相对湿度≥80%
非生育期	土壤相对湿度＜30%	30%≤土壤相对湿度＜40%	40%≤土壤相对湿度＜50%		

（一）干旱类型

春旱：春旱是指出现在3—5月的干旱。春旱影响作物按时播种，出苗有早有晚，植株小、根系弱、叶片面积小，长势不整齐，生物产量大幅度减少，直接影响产量（图1，图2）。

伏旱：是伏天发生的干旱。从入伏到出伏，相当于7月中旬至8月下旬，正是玉米由以营养生长为主向生殖生长过渡，有“春旱不算旱，夏旱减一半”的农谚。

卡脖旱：玉米抽雄前10～15 d至抽雄后20 d是玉米一生中需水最多、耗水最大时期，是水分“临界期”，对水分特别敏感。此时缺水，雄穗处于密集的叶丛中，抽出困难，叶片、节间密集而短，直接影响了雌穗的授粉，雄穗或雌穗抽不出来，似卡脖子，故名“卡脖旱”（图3）。

图 1 干旱玉米田

图 2 旱地表层土壤墒情状况

图 3 “卡脖旱”

秋旱：秋旱又称“秋吊”，是指玉米籽粒灌浆阶段发生的干旱，8 月中旬至 9 月上旬水分供应不足，影响灌浆，降低千粒重，直接影响产量和质量。有“春旱盖仓房，秋吊断种粮”的说法（图 4）。

图 4 秋旱

（二）应对措施

蓄水保墒耕作技术。建立以深松为主体，松耙、压相结合的土壤耕作制度以及保护性耕作制度，改善土壤结构，增强土壤蓄水保墒能力，提高抵御旱灾能力。

选择耐旱品种、进行种子处理。

抗旱播种。采用抢墒播种、起干种湿、催芽或催芽坐水种、免耕播种和坐水播种。有滴灌设施地块可以播后滴出苗水。

合理密植与施肥。依据品种特性、整地状况、播种方式和保苗株数等情况确定播种量。保证种子（或幼苗）与肥料隔离，以免发生肥害。

加强田间管理。有灌溉条件的田块，在灌溉后采取浅中耕，切断土壤表层毛细管，减少蒸发；无灌溉条件的等雨蓄水，可以采取中耕锄、高培土的措施，减少土壤水分蒸发，增加土壤蓄水量。

使用抗旱种衣剂和保水抗旱制剂、增强玉米抗旱能力。

及时青贮割黄。干旱绝产的地块，如玉米叶片青绿，可及时进行青贮作为饲料，最大限度地利用生物资源。

二、涝渍

玉米是需水量大但又不耐涝的作物。土壤湿度超过最大持水量 80% 以上时，玉米就发育不良。玉米受涝后下部叶片先枯黄，中上部叶色变浅，生育期推迟，不能正常成熟（表 2）。

表 2　玉米不同生育时期的耐涝指标

生育时期	最大淹水深度（cm）	允许天数（d）
苗期至拔节期	2 ～ 5	1 ～ 1.5
抽雄期	8 ～ 12	1 ～ 1.5
孕穗灌浆期	8 ～ 12	1.5 ～ 2.0
成熟期	10 ～ 15	2.0 ～ 3.0

注：引自刘光启（2008）。①

（一）不同时期涝害对玉米产量的影响

玉米种子萌发后，涝害发生得越早受害越重，淹水时间越长受害越重，淹水越深减产越重。一般淹水 4 d 减产 20% 以上，淹没 3 d，植株死亡。玉米对涝害的反应以生育前期较敏感，3 叶期、拔节期和雌穗小花分化期淹水 3 d 使单株产量分别降低 13.2%、16.2% 和 7.9%，而开花期和乳熟初期淹水 3 d 则未造成减产（图 5）。

① 刘光启，2008. 农业速查速算手册［M］. 北京：北京化学工业出版社 .

图 5 玉米不同生育期遭受涝害

（二）应对措施

选用耐涝品种，调整播期，适期播种。不同品种耐涝性显著不同，可以选择耐涝性强的品种；播种期尽量避开当地雨涝汛期。

及时排除田间积水，降低土壤湿度。

中耕松土。涝渍害造成土壤板结，通透性差，要及时中耕松土，改善根际环境。倒伏的玉米苗，应及时扶正。

及时追肥。涝害导致土壤养分流失严重，苗势弱，要及时追施提苗肥。对受淹时间长、渍害严重的田块，在施肥的同时喷施高效叶面肥和促根剂，促进恢复生长。

化学调控。针对早期因涝渍导致的高脚苗，可喷施羟基乙烯利、吨田宝、玉黄金等玉米专用调节剂。

加强病虫害防治。由于田间积水，空气湿度大，易发生各种病虫害，可喷施叶面肥时，同时进行病虫害防治。

及时青贮割黄。涝害绝产的地块，如玉米叶片青绿，可及时进行青贮作为饲料。

三、冷害

各种农作物的正常生长发育都有一个最适温度、最低温度和最高温度的界限，即“三基点温度”。在最适温度条件下，农作物生长发育迅速而良好；在最低温度和最高温度条件下，就停止生长发育，只能维持生命。玉米不同生育时期对温度的要求不同（表 3），当环境温度超过生长上限温度或低于下限温度，将会遭受不同程度的危害直到死亡。

表 3　玉米不同生育时期的三基点温度　　单位：℃

生育时期	下　限	适　宜	上　限
苗期	8 ～ 10	25 ～ 30	35 ～ 40
拔节至抽雄	10 ～ 12	26 ～ 31	35 ～ 42
抽雄至开花	19 ～ 21	25 ～ 27	29 ～ 37
灌浆至成熟	15 ～ 17	22 ～ 24	28 ～ 30
全生育期	6 ～ 10	28 ～ 31	40 ～ 42

资料来源：郭庆法等，2004[①]。

冷害是指温度在 0℃以上，但低于作物生长最低温度时对作物的危害。玉米各生育阶段以生育速度下降 60%的冷害指标：苗期为 15℃；生殖分化期为 17℃；开花期为 18℃；灌浆期为 16℃。以玉米拔节期为准，轻度冷害为 21℃，中度冷害为 17℃，严重冷害为 13℃，其发育速度依次下降 40%、60%、80%。

（一）冷害危害

早春低温冷害是东北玉米生产上主要的气象灾害之一，灾害发生时减产 10%以上，玉米质量也大受影响。播种至出苗遇低温，出现出苗和发育推迟，苗弱、瘦小，种子发芽率、发芽势降低等现象；4 展叶期遭遇冷害植株明显矮小，生长延缓，光合作用强度、植株功能叶的有效叶面积显著降低；4 展叶期至吐丝期遭遇冷害，株高、茎秆、叶面积及单株干物质重量受到影响；吐丝期至成熟期，低温造成有效积温不足；灌浆期低温使植株干物质积累速率减缓，灌浆速度下降，造成减产（图 6）。

图 6　玉米不同时期遭遇低温冷害

① 郭庆法，2004. 中国玉米栽培学［M］. 上海：上海科学技术出版社 .

（二）应对措施

品种区划。避免盲目选用晚熟品种。

选育耐寒品种。选育发芽、苗期耐寒品种，还有利于适期早播，延长玉米生育期，提高产量。

种子处理。用浓度0.02%～0.05%的硫酸铜、氯化锌、钼酸铵等溶液浸种，可提高玉米种子在低温下的发芽力，并提前成熟，减轻冷害。

适期播种。结合当地气象条件，适期播种，避免冷害威胁。

合理施肥，培育壮苗，提高抗寒能力。

四、冻害

0℃以下低温引起作物受害，称为霜冻。霜冻的发生，是由于强冷空气突然侵入，使气温骤然降到0℃或0℃以下，引起植株体内结冰，以致死亡。每年入秋后第一次出现的霜冻，称为初霜冻；每年春季最后一次出现的霜冻，称为终霜冻（图7）。

图7　玉米苗期冻害

（一）霜冻危害

霜冻危害植物的实质是低温冻害，但不是由于低温的直接作用，而主要是因为植株组织中结冰导致损伤或死亡。霜冻发生的强度和持续时间与地形、土壤、植被、农业技术措施及作物抗性本身等条件密切相关。玉米只能忍受–3～–2℃的霜冻。玉米苗期受冻死苗指标为–4℃、成熟期为–2℃。

（二）冻害防御

“避”：掌握当地低温霜冻发生的规律，使玉米关键生育期避过霜冻盛发期，以避免或减轻低温霜冻危害。通过合理的种植制度和作物布局，并注意选择小气候有利的地形和地区种植。

“抗”：选择抗寒力较强的品种，栽培技术也要着眼于提高作物的抗寒能力。

“防”：根据情况酌情采用喷水法、灌水法、熏烟法、遮盖法、施肥法、风障法等，减免受低温霜冻的危害。

（三）霜冻发生后的补救措施

霜冻发生后，应及时调查受害情况，制订对策。仔细观察主茎生长锥是否冻死（深色水浸状），若只是上部叶片受到损伤，心叶基本未受影响，可以通过加强田间管理，及时进行中耕松土、提高地温，追施速效肥，加速玉米生长，等心叶长出后，喷施叶面肥促进生长，减轻对产量的影响。对于冻害特别严重，致使玉米全部死亡的田块，要及时换茬，可改种早熟玉米或其他作物。

五、高温

玉米起源于中南美洲热带地区，在系统发育过程中形成了喜温的特性，但异常高温形成的热胁迫往往使各个生育阶段加快，植株生长较弱，单株干重和叶面积变小，授粉不良、籽粒败育，产量降低和品质变劣（图 8）。

图 8　玉米遭受热害

（一）高温危害

减少物质积累。在高温条件下光合作用减弱，而呼吸作用增强，干物质积累量明显下降。

加速生育进程，缩短生育期。高温迫使玉米生育进程中各种生理生化反应加速，雌穗分化数量明显减少，果穗明显变小。在生育后期高温使植株过早衰亡，造成千粒重、容重、产量和品质大幅下降。

伤害雄穗和雌穗，影响授粉。在孕穗至散粉的过程中，高温造成雄穗分枝变小、数量减少，花粉活力降低；使雌穗分化异常，吐丝困难，延缓雌穗吐丝或造成雌雄不协调、授粉结实不良。

引发病害。连续高温会使植株生长较弱，抗病力降低，易受病菌侵染发生苗期病害。

（二）应对措施

选育推广耐热品种，预防高温危害。

调节播期，开花授粉期避开高温天气。

耕层构建。通过深松、深翻和保护性耕作，建立深厚的耕层，存储较多的水分和养分，通过叶片蒸腾带走热量，有利于降低高温热害。

人工辅助授粉，提高结实率。在开花散粉期遇到38℃以上持续高温天气，可采用人工辅助授粉，提高结实率。

适当降低种植密度。在低密度条件下个体发育健壮，抵御高温伤害的能力较强，另宽窄行种植有利于改善田间通风透光条件，降低高温伤害。

加强田间管理，提高植株耐热性。科学施肥，改善植株营养状况，增强抗高温能力；苗期蹲苗进行抗旱锻炼，提高玉米的耐热性；适期喷灌水，改变农田小气候环境，减免高温热害。

六、风灾

风灾是因大风造成的灾害。玉米是风灾比较严重的高秆作物，主要表现为倒伏和茎秆折断。风灾倒伏常伴随涝害，造成产量大幅度下降（图9）。

图9　玉米不同时期发生的倒伏和倒折

（一）应对措施

选用抗灾能力强的良种。

培育壮苗、保健栽培。适当深耕，打破犁底层，促进根系下扎；增施有机肥和磷钾肥，切忌偏肥，尤其是速效氮肥；改“一炮轰”前重型施肥为按玉米需肥规律分次施肥；苗期注意蹲苗，结合中耕促进根系发育，培育壮苗；中后期结合追肥进行中耕培土；做好玉米螟等病虫的防治工作，减少茎折。

适当调整玉米种植行向。气流与行向垂直时就会使风灾的危害更大，在风灾较为严重的地区应注意调整行向。

化控抗倒。在玉米 6 ～ 8 展叶时，采取化学控制措施可增强玉米的抗倒伏能力。

构建防风林带。在风灾严重地区适当规划，种植防风林带，可以大幅减轻风灾的影响。

（二）风灾补救措施

及时培土扶正。在苗期和拔节期遇风倒伏，植株能够正常恢复直立与生长；小喇叭口期若遭遇强风暴雨危害，只要倒伏程度不超过 45°，经过 5 ～ 7 d 后，也可自然恢复生长。大喇叭口期后遇风灾必须抓紧时间进行扶苗，若未及时采取措施，地上节根侧向下扎，植株将不能直立起来（图 10）。

图 10　玉米中后期倒伏后地上节根侧向下扎

严重倒伏，可多株捆扎。在花粒期，培土扶正难度大，效果也不明显，需采取多株捆扎。将邻近 3 ～ 4 株玉米，顺势扶起，用植株叶片将其捆扎在一起，使植株相互支撑，免受倒压、堆沤，以减少产量损失。

加强管理，促进生长。灾害后及时排水，中耕、破除板结，增施速效氮肥，加强病虫防治；进入成熟期及时收获，减少穗粒霉烂。

灌浆期与蜡熟初期遇倒伏、倒折严重的地块，可将玉米植株割除作为青贮饲料。

七、雹灾

冰雹是从发展强盛的积雨云中降落到地面的冰块或冰球。东北是雹灾较多的地区之一。夏季是冰雹多发季节，雹灾直接砸伤玉米植株、冻伤植株，茎叶创伤后感染病害，并砸实土壤造成土壤板结。雹灾对玉米的危害程度，主要取决于雹块大小和持续时间（图 11）。

图 11　冰雹灾害

（一）雹灾损失及时评估，慎重毁种

玉米不同生育阶段，遭雹灾后恢复生长能力不同。灾后首先确定各地块受灾的玉米能否恢复生长并估计其减产幅度，再提出恰当的措施，切勿轻易毁种。苗期遭雹灾后恢复能力强，只要还残留根茬，都能恢复生长并取得较好的收成。拔节与孕穗期茎节未被砸断，通过加强管理，仍能部分恢复。玉米抽雄后抗灾能力减弱，灾后恢复力差，减产严重，但穗节完好者，灾后加强管理后仍能获得一定收成（表 4）。

表 4　雹灾后产量损失估算　　单位：%

时期	叶片损失的比例（%）									
	10	20	30	40	50	60	70	80	90	100
7 展叶	0	0	0	1	2	4	5	6	8	9
10 展叶	0	0	2	4	6	8	9	11	14	16
13 展叶	0	1	3	6	10	13	17	22	28	34
16 展叶	1	3	6	11	18	23	31	40	49	61
18 展叶	2	5	9	15	24	33	44	56	69	84
抽雄期	3	7	13	21	31	42	55	68	83	100
吐丝期	3	7	12	20	29	39	51	65	80	97
籽粒形成期	2	5	10	16	22	30	39	50	60	73
乳熟初期	1	5	7	12	18	24	32	41	49	59
乳熟后期	1	3	4	8	12	17	23	29	35	41
蜡熟期	0	2	2	4	7	10	14	17	20	23
完熟期	0	0	0	0	0	0	0	0	0	0

资料来源：美国农业部。

（二）雹后管理

不需要毁种的玉米。应逐棵清理与扶正，并加强追肥、中耕，促使还没有展开的叶片迅速生长，玉米恢复生长，降低产量损失。

及时中耕松土。雹灾会造成地温降低，土壤砸实，透气不良。应及时锄地、中耕、松土，有利于破除板结层，增加土壤透气性，提高地温，促进根系发育。

追施速效氮肥。根据苗情和生育期，每亩追施尿素 5 ～ 10 kg，追施时间越早效果越好。